算数パズル「出しっこ問題」傑作選

解けて興奮、出して快感！

仲田紀夫　著

ブルーバックス

カバー装幀／芦澤泰偉事務所
カバーイラスト／伊川英雄
本文イラスト／中島ざぼう
本文図版／さくら工芸社

まえがき

人間は一人でいても自問自答し、二人になると会話が成立し、三人以上になると討論が始まる。それらの内容には、得てして「出しっこ問題」の原型がある。

数学史を振り返ると、「出しっこ問題」の起源は遠く紀元前五世紀ごろにまでさかのぼる。西は古代ギリシアにおけるクロトン学派（ピタゴラス）とエレア学派（ツェノン）の対立、東は同じころの中国における儒家（孔子）と道家（老子）の論争がある。

そして、一六世紀のイタリアでは、〝数学の天下一〟を自任する者どうしが「出しっこ問題」で実力を競い合う公開試合があった。

日本でも江戸時代に、絵馬に問題を書いて社寺の境内に奉納し広く答を求める「算額」や、著書の巻末に答のない問題を載せて読者に挑戦させる「遺題」が流行した。日本人も「出しっこ問題」が好きだったのである。

本書で取り上げる「出しっこ問題」は、数ある算数パズルの中でも、傑作中の傑作といえるものばかりである。これらは、簡単に暗記できるほど問題文が短く、解答の簡潔明瞭さには感動すらおぼえるはずだ。

〝真理は単純で美しい〟とはアインシュタイン博士の言葉だが、実際、奥の深い傑作パズルほど設問自体は単純であり、「出しっこ問題」に適している。

「出しっこ問題」というテーマで講談社から執筆依頼があったとき、その企画のユニークさと大胆さに感激するとともに、「待ってました！」という気持ちで引き受けた。

執筆の準備のための約一年間、私は次の基準により、まず三〇〇問を収集・創作した。

●有名で貴重な古典の中で、ぜひ紹介したい文化遺産的な問題
●古今東西の興味深い問題を、私流にアレンジした問題
●まったく私自身の創案による、新鮮な問題

こうして揃えた三〇〇問を、担当の講談社ブルーバックス出版部の堀越俊一氏と、絞りに絞って六〇問にまで厳選した。その過程で、問題の難易度、ウケ具合などをはかるため、ブルーバックス出版部の方々にも実際に問題を解くなど、ご協力いただいた。いずれにせよ、本書は、問題の選定に多くの時間をかけて完成したものである。

また、巻末にまとめて掲載してあるが、問題の選定、執筆にあたり、数多くの文献を参考にさせていただいた。その著者の方々、そして、はるか紀元前の昔から今日まで、問題の〝原型〟を考案された多くの方々に、あらためて感謝の意を表する次第である。

二〇〇一年一二月

仲田紀夫

算数パズル「出しっこ問題」傑作選……もくじ

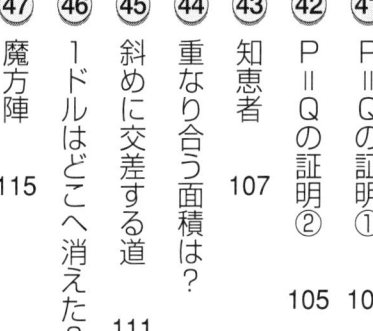

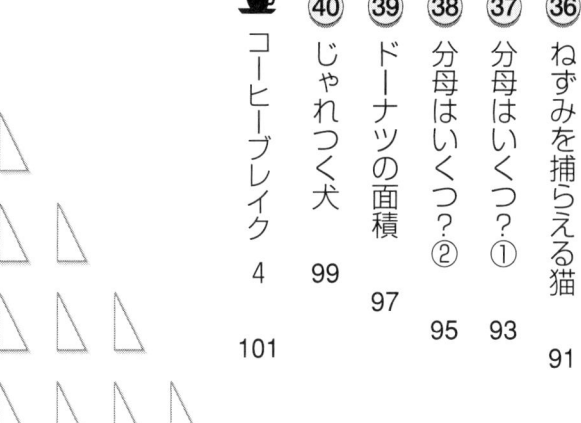

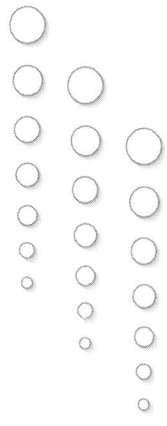

1 うそつき村と正直村

問

「うそつき村」と「正直村」がある。「うそつき村」の人は必ずうそを言い、「正直村」の人は必ず本当のことを言う。

旅人が村にたどり着いた。その村は「うそつき村」か「正直村」のどちらかである。さて旅人は、その村の住人にたった1つだけ質問をして、「うそつき村」か「正直村」かを言い当てねばならない。何と質問すればよいか？

答

「あなたは、この村に住んでいますか?」

その村が「うそつき村」であった場合、「あなたは、この村に住んでいますか?」という質問に対して、住人は必ず「いいえ」と答える。

その村が「正直村」であった場合、「あなたは、この村に住んでいますか?」という質問に対して、住人は必ず「はい」と答える。

つまり、「あなたは、この村に住んでいますか?」という質問に対する答が「いいえ」であればそこは「うそつき村」であり、「はい」であればそこは「正直村」ということになる。

2 1、1、9、9で10を作る

問

1、1、9、9の4つの数字を使って、四則計算（＋、−、×、÷）で10を作れ。1、1、9、9を使う順番は問わない。

答

左の通り

$1 \div 9$を$\frac{1}{9}$と考えられるかどうかが、この問題のポイントである。

$$
\begin{aligned}
&\{(1 \div 9)+1\} \times 9\\
&=\left(\frac{1}{9}+1\right) \times 9\\
&=\left(\frac{1}{9}+\frac{9}{9}\right) \times 9\\
&=\frac{10}{9} \times 9\\
&=\underline{10}
\end{aligned}
$$

3 100円はどこに消えた？

問

3人の客が1000円ずつ出し合い3000円の品物を買ったが、店主が「少し古いから500円まけてやれ」と店員に言った。店員は500円では3人で等分できないと考え、200円をポケットに入れ、品物と300円を客に渡した。

結局、客は1人900円ずつ計2700円出し、店員のポケットに200円入ったので、合計は2900円である。さて、100円はどこに消えたか？

答

100円はどこにも消えていない

これは、関係ない数値をくらべてみせたトリックである。

実際、品物のために3人の客が支払った金は、900円×3＝2700円。品物のために店主と店員が受け取った金は、2500円＋200円＝2700円で、計算上、何の問題もない。

このようなトリックを使った釣り銭サギがある。タバコ屋で5000円札を見せながら200円のタバコを買う（5000円札はあくまで見せるだけで相手に渡さない）。4800円のおつりがくると、とっさに800円をポケットに入れ、4000円に1000円札を1枚くわえて、初めに見せた5000円札とで「1万円札に替えてくれ」と申し出る。

さて、タバコ屋はいくら損をするか？（答は147ページ）

4 カエルの井戸登り

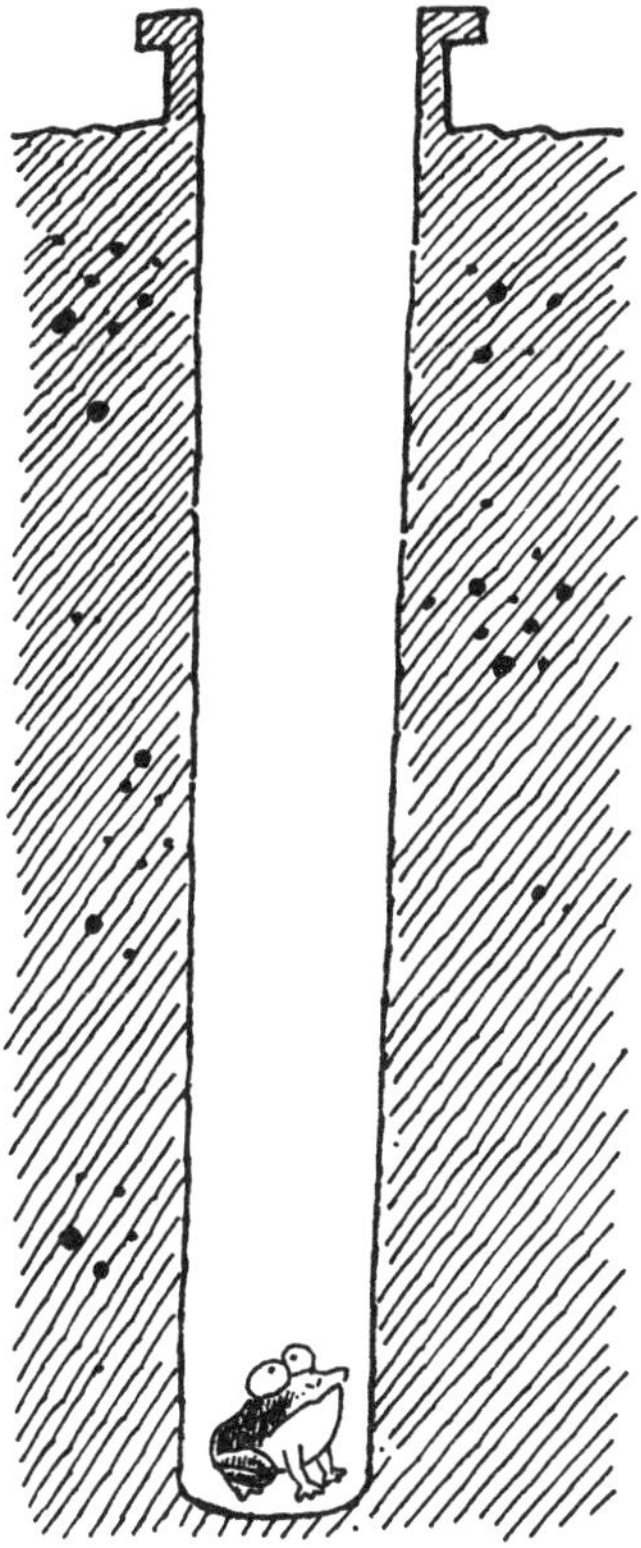

問

深さ10メートルの井戸の底にカエルがいる。カエルは、朝3メートル登って、夕方2メートルずり落ちるとする。井戸から出るまでに何日かかるか？

答

8日

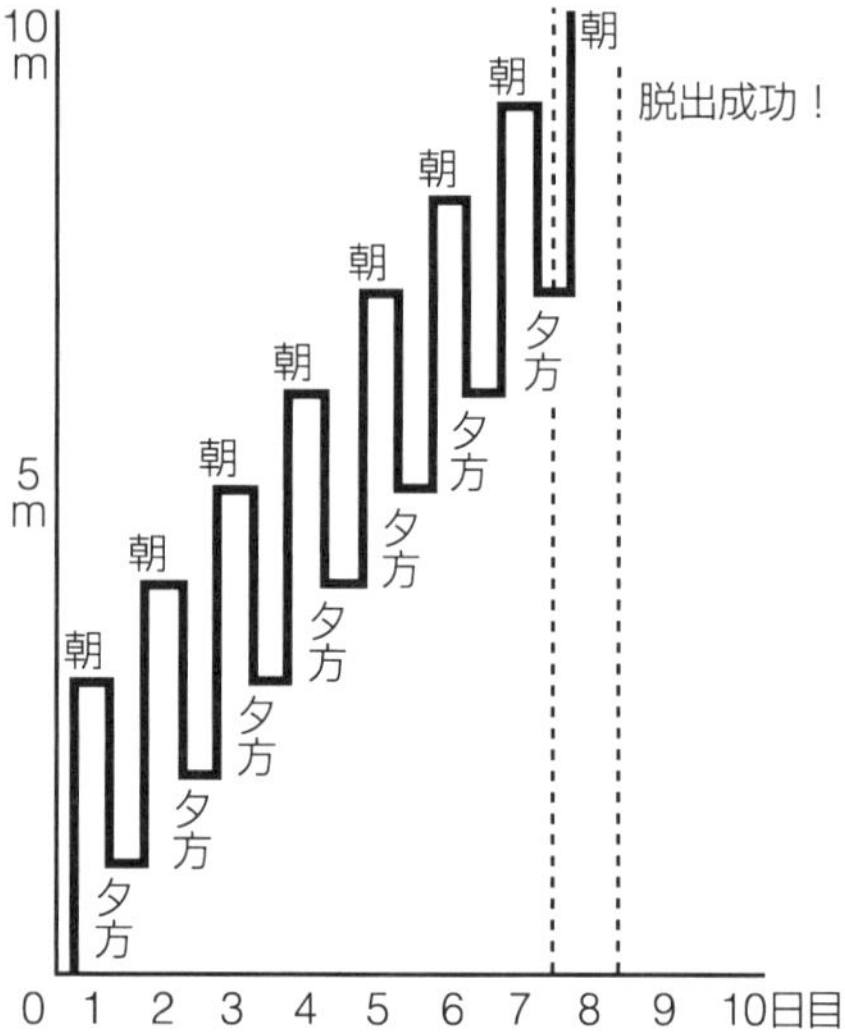

10日と答えがちだが、引っかからなかっただろうか？　朝3メートル登り、夕方2メートルずり落ちるとすると、7日目に、あと3メートルの地点に到達する。そして、8日目の朝、3メートル登ったカエルは、もはやずり落ちることなしに、無事井戸から脱出するのである。

答を知れば他愛もない問題だが、いざ出題されてみると結構わからない。

5 占い師

問

70%の確率で当たる見料7000円の水晶占い師と、20%の確率で当たる見料2000円のトランプ占い師がいる。

太郎は努力のかいあってA高校とB高校の両方に合格した。進学先を決めかねた彼は、どちらの高校に進んだほうが前途有望か、将来を占い師にたくすことにした。しかし、手元のこづかいはそう多いわけではない。コストパフォーマンスを考えた場合、彼はどちらの占い師に見てもらうべきか。

答

トランプ占い師に見てもらい、占いと逆の高校に進学すればよい

トランプ占い師の見立てがたとえばA高校であった場合、A高校に進学して将来がひらける確率は20％。これは逆に考えると、B高校に進学して将来がひらける確率は80％ということになる。したがって、格安の見料2000円で、見料7000円の水晶占い師より高い確率で前途有望な高校を選べることになる。

6 鶏小屋が火事だ！

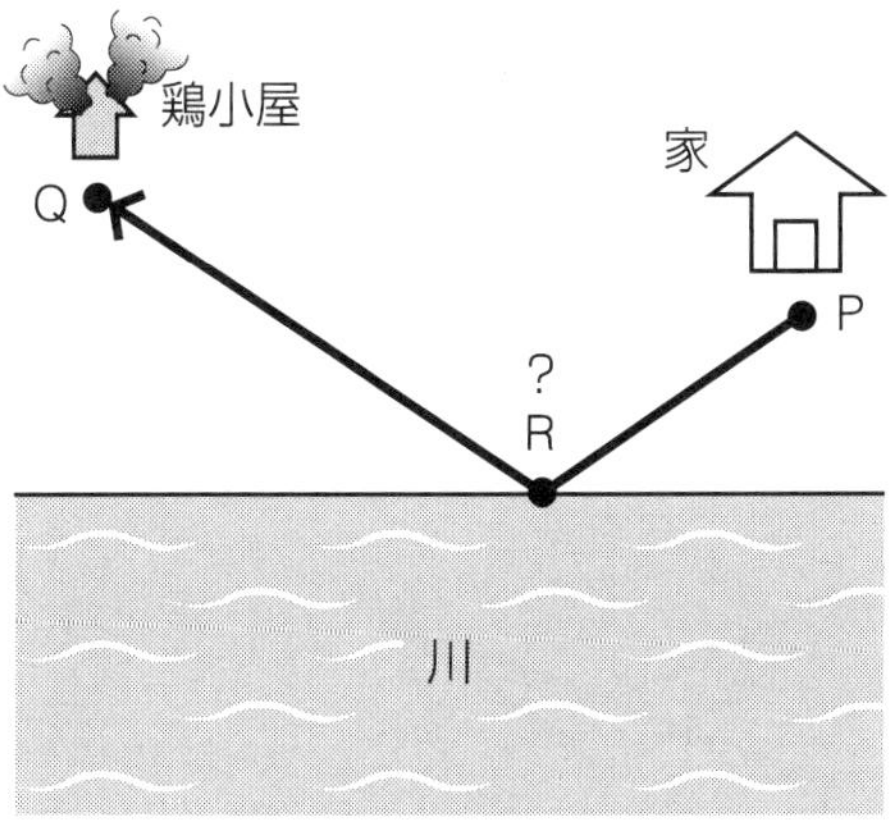

問

鶏小屋が火事になった。家Pからバケツをもって出て、川で水をくみ、鶏小屋Qまで火を消しに行くとき、最も短い道順を考えよ（つまり、Rの位置を求めよ）。

答

点Qの川岸に関する対称点Q′をとり、PQ′を結ぶ直線と川岸との交点が求めるRの位置である

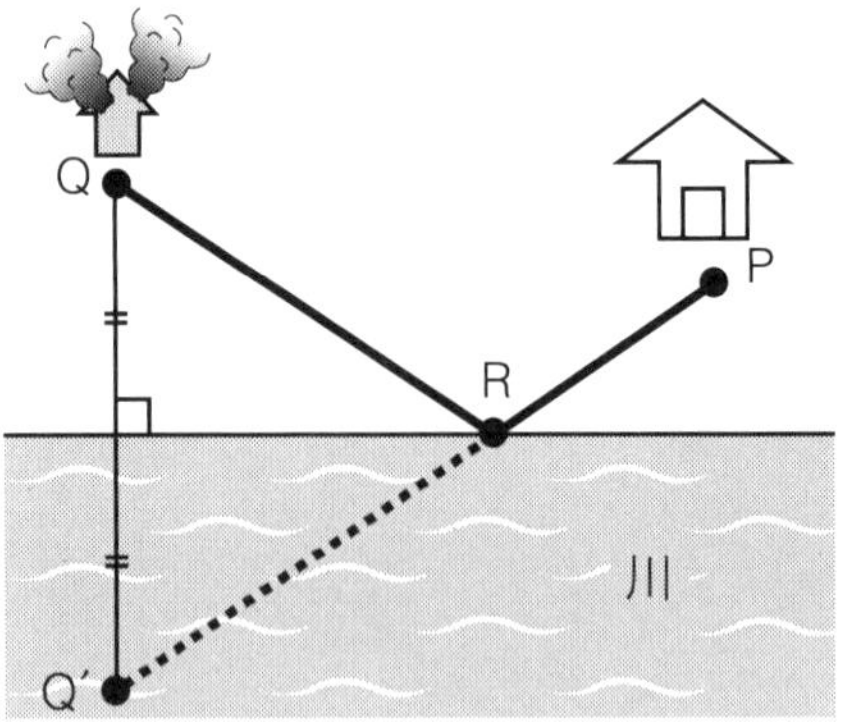

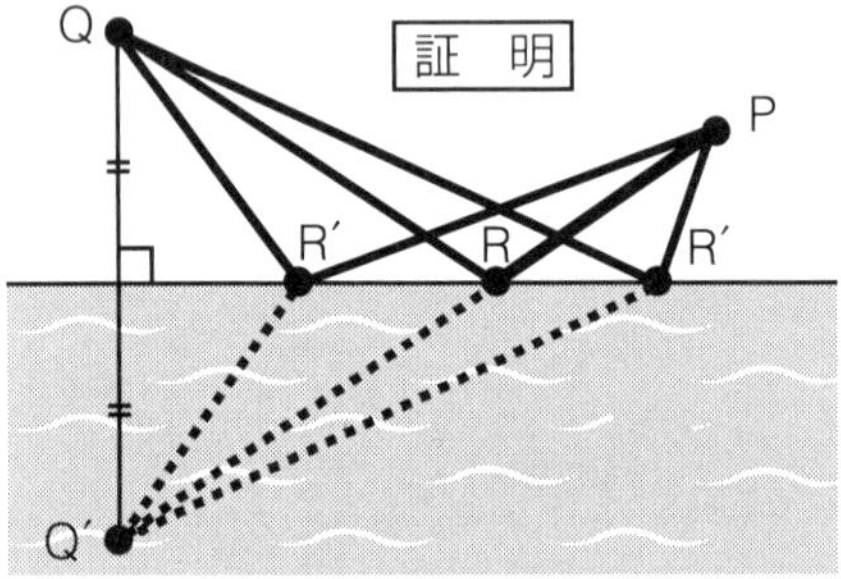

これを証明してみよう。

Rでない任意の位置R′で水をくむとする。すると、下の図のように、いかなるR′に対しても、PR′Q′は常に、直線であるPRQ′より距離が長くなる。したがって、PRQが最短の道順である。

7　どこに橋をかける？

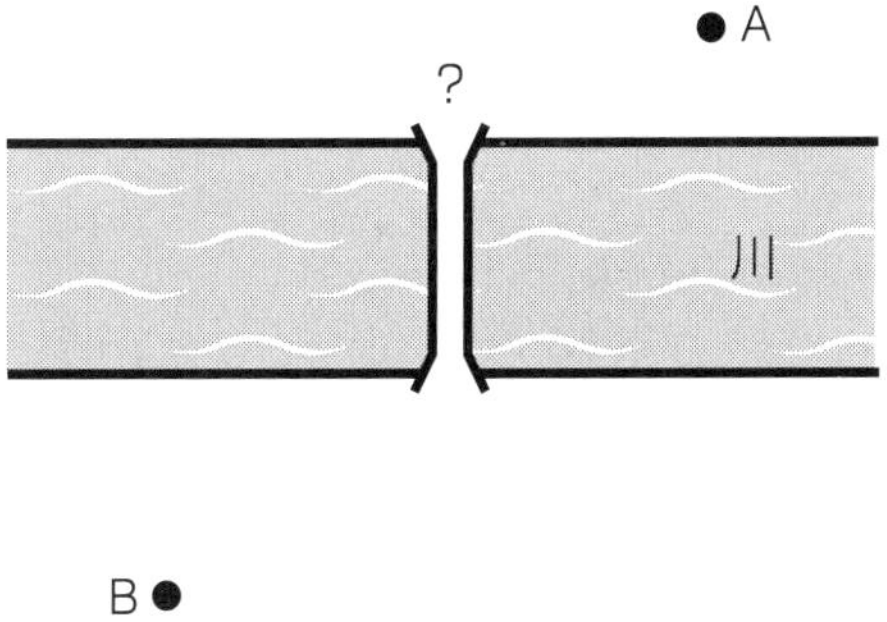

問

A地点からB地点に行く途中に大きな川がある。この川のどこに橋をかければ、最短でA地点からB地点に行けるか？　ただし、橋は川に垂直にかけるものとする。

答

川幅の部分を折って直線ＡＢを引き、再び紙を開けば、橋をかけるべき場所Ｃが示される

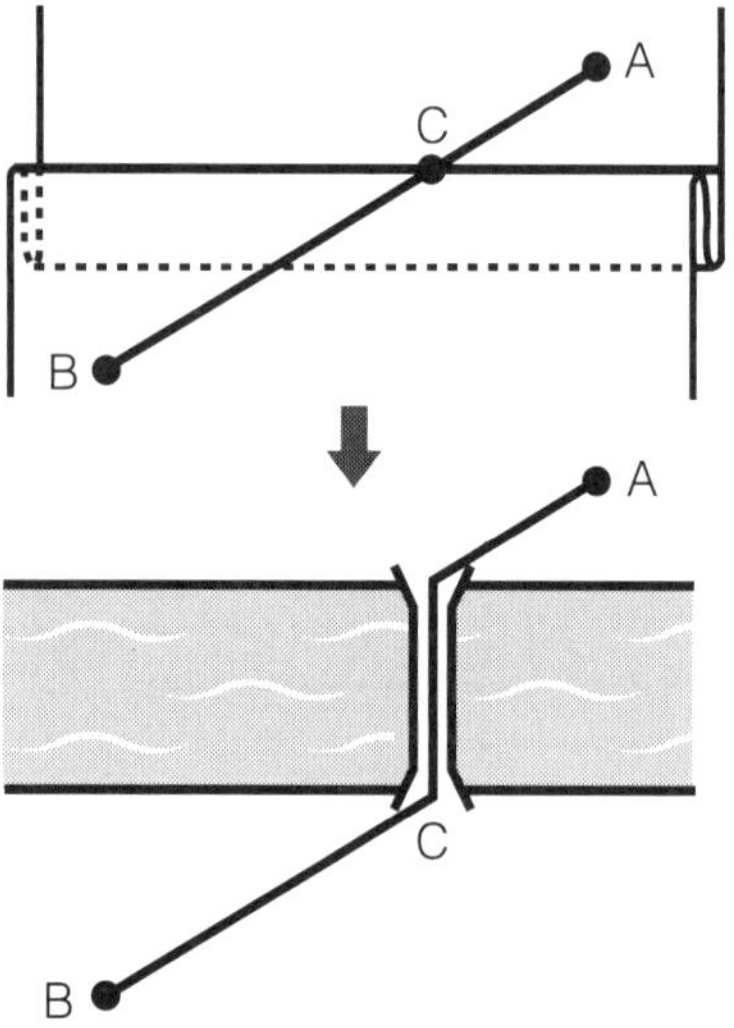

別解もある。Ａから垂直に川幅の長さだけ離れた点Ａ′とＢを直線で結び、川岸との交点Ｃが橋をかけるべき場所である。

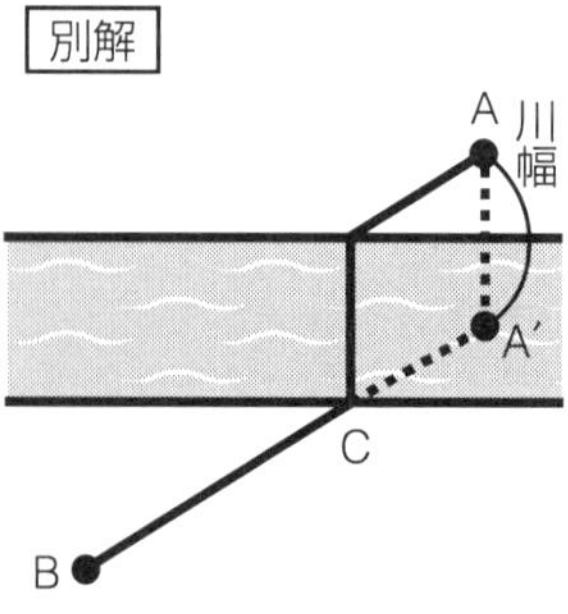

8　ニセ金貨さがし①

問

9枚の金貨の中に1枚だけ、重さがわずかに軽いニセ金貨が混じっている。たった2回だけ上皿天秤《うわざらてんびん》を使って、ニセ金貨を見破れ。

答

まず、9枚を3枚ずつ、A、B、Cの3群に分ける。

そして、AとBを上皿天秤にかけ、釣り合えば、ニセ金貨はCにある。Cから2個をとり、上皿天秤にかける。これでどちらかが軽ければ、それがニセ金貨。釣り合えば、Cの残りの1個がニセ金貨。

また、AとBを上皿天秤にかけたとき、たとえばAが軽かったとすれば、ニセ金貨はAにある。Aから2個をとり、上皿天秤にかける。これでどちらかが軽ければ、それがニセ金貨。釣り合えば、Aの残りの1個がニセ金貨。

このようにして、たった2回上皿天秤を使うだけで、ニセ金貨を見破れる。

9 ニセ金貨さがし②

問

金貨がたくさん入った袋が5つある。そのうち4袋は本物の金貨が入っているが、1袋だけ中身がすべてニセ金貨だという。本物の金貨は1枚が5グラムだが、ニセ金貨は1枚が4グラムしかない。台秤《だいばかり》をただ1回だけ使って、ニセ金貨の入った袋を見破れ。なお、袋から金貨をとり出して調べてもよい。

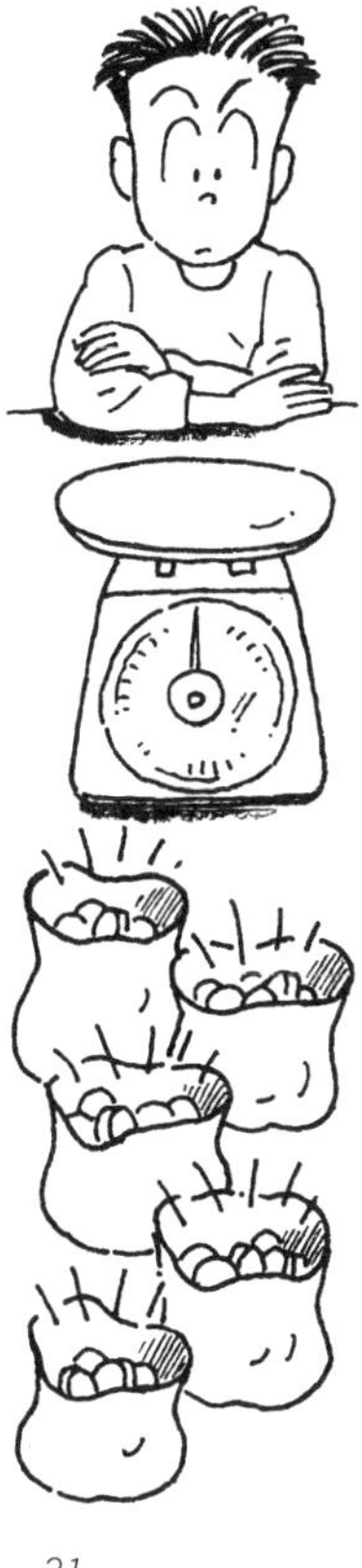

答

第1の袋から1枚、第2の袋から2枚、第3の袋から3枚、第4の袋から4枚、第5の袋から5枚の金貨をとり出す。全部で15枚だから、全部が本物なら75グラムだが、ニセ金貨が含まれるので、それより軽いはずである。どれだけ軽いかで、ニセ金貨の入った袋がどれかわかる。

たとえば、台秤が72グラムを示したなら、75グラムより3グラム軽い。したがって、15枚のうちニセ金貨は3枚で、これは、第3の袋からとり出した3枚がニセ金貨である場合に限られる。したがって、ニセ金貨の入った袋は第3の袋ということになる。

10 X＋Y＋Z＝?

問

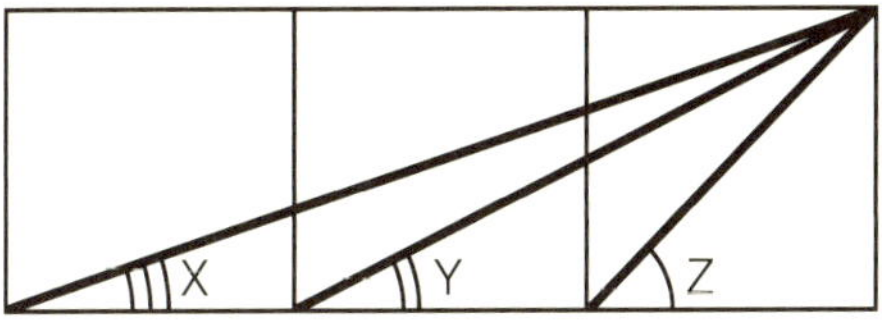

正方形が図のように3つ並んでいる。さて、3つの角X、Y、Zを全部足すと何度になるか?

答

90度

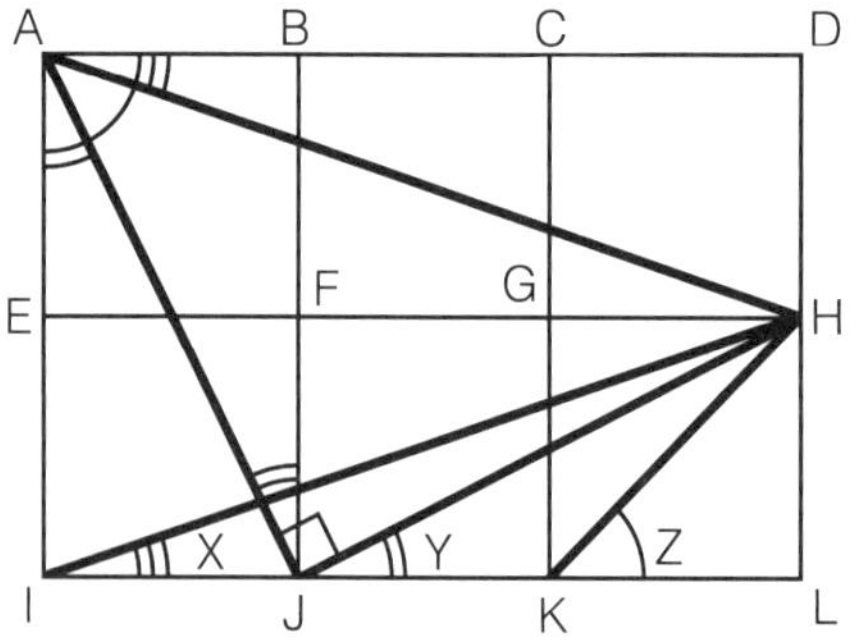

図のように6つの正方形で、角を移して考えるのがポイントである。

まず、角BAHが角Xに、角EAJが角Yに等しいことは明らかである。次に、角AJHは、角FJKすなわち90度に等しいので、三角形AJHは直角二等辺三角形となり、角JAHは45度。ここで角Zが45度であることは明らかなので、角JAHは角Zに等しいことになる。

結局、角X、Y、Zを全部足したものは角BAEに等しく、90度となる。

コーヒーブレイク・1

問

ある晴れた日、旅人が村にたどり着いた。その村は「うそつき村」か「正直村」のどちらかである。「うそつき村」の人は必ずうそを言い、「正直村」の人は必ず本当のことを言う。

旅人はのどがカラカラで水を飲みたいと思い、目の前にある桶の中の水が飲めるかどうか、1人の村人に聞いた。

「いい天気だね」

「はい」

「この水は飲める?」

「はい」

さて、この水は飲めるか?

答

飲める。

なぜなら、「ある晴れた日」に「いい天気だね」と聞かれて「はい」と答えているから、村人は本当のことを言っている。つまり、その村は「正直村」である。したがって、桶の中の水は飲める。

「うそつき村と正直村」のような問題のルーツは、遠く紀元前6世紀までさかのぼる。そのころ、クレタ島の詩人で預言者であったエピメニデスは、「クレタ人は皆うそつきである」と言った。さて、エピメニデスもクレタ人である。するとエピメニデスもうそつきであり、「クレタ人は皆うそつきである」もうそということになり、エピメニデスはうそつきではないと……。これが循環論法的〝パラドクス〟の始まりだと言われる。この話は旧約聖書にも記されている。

11 国境の男

問

敵対するA国とB国があった。

ついにA国は次のような法律を公布した。

「B国の100ドルは我が国の90ドルとして扱う」

対抗してB国も次のような法律を公布した。

「A国の100ドルは我が国の90ドルとして扱う」

これを見て、国境に住む男がひともうけをたくらんだ。

さて、彼はどのようにしてもうけたか?

答

まずA国で10ドルの品物を買い、A国の100ドルを出す。そして、おつりをB国の紙幣でもらう。A国の紙幣ならおつりは90ドルだが、B国の紙幣なら100ドルもらえる。

その100ドルをもってB国に行き、10ドルの品物を買う。そして、おつりをA国の紙幣でもらう。B国の紙幣ならおつりは90ドルだが、A国の紙幣なら100ドルもらえる。

これをくり返せば、最初の10ドルの投資で、永久に品物を手に入れられ、それを売り払って大もうけができる。

12 細胞分裂

問

1分に1回分裂して増殖する細胞がある。1個から始めて直径1センチの球になるまで30分かかった。では、直径1センチの球になるまで、2個から始めたら何分かかるか？

答

29分

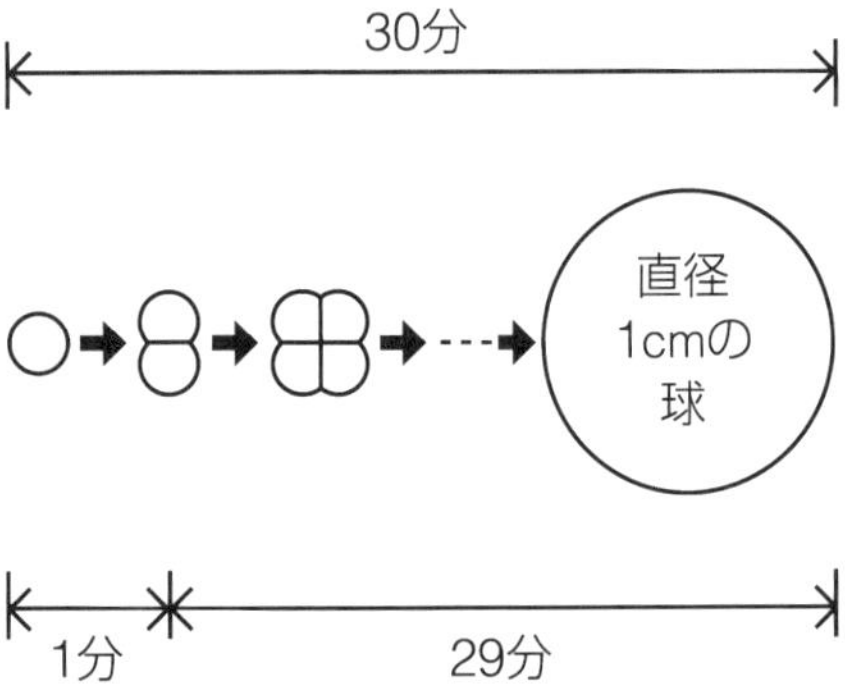

「直径1センチの球」は、解答にはまったく必要ない。

要は、1個の細胞が2個に分裂するのに1分かかるのだから、30分から1分を引けばよいのである。

13 トーナメント

問

365の野球チームがトーナメントで優勝を争う。優勝が決まるまでに何試合おこなわれるか？　ただし、引き分けはないものとする。

答

364試合

優勝が決まるまでに、優勝チーム以外の364チームが必ず1回負ける必要がある。したがって、優勝決定までには364試合必要である。

「1試合ごとに1チームが去る」と考えてもよい。

14 マッチ棒①

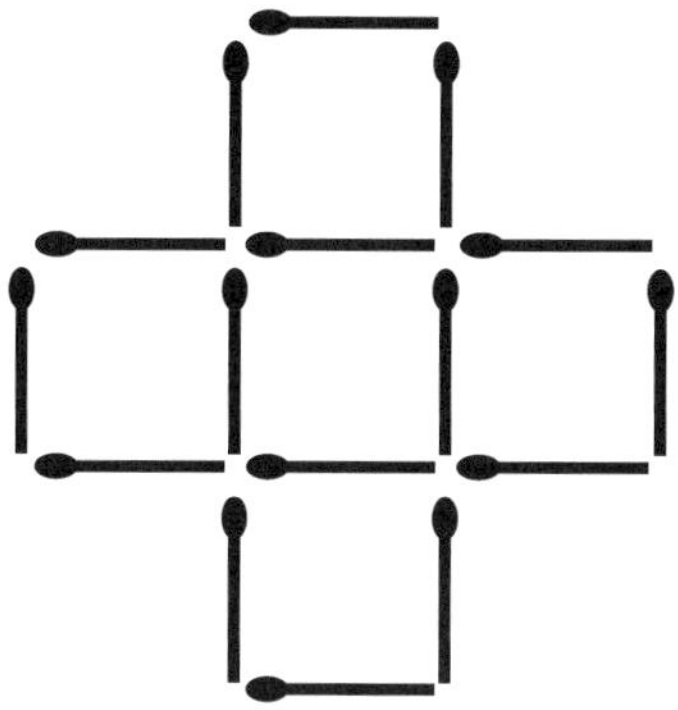

問

図のようにマッチ棒が並んでいる。4本だけ動かして、正方形3個にせよ。ただし、マッチ棒をとり去ってはいけない。

答

図の通り

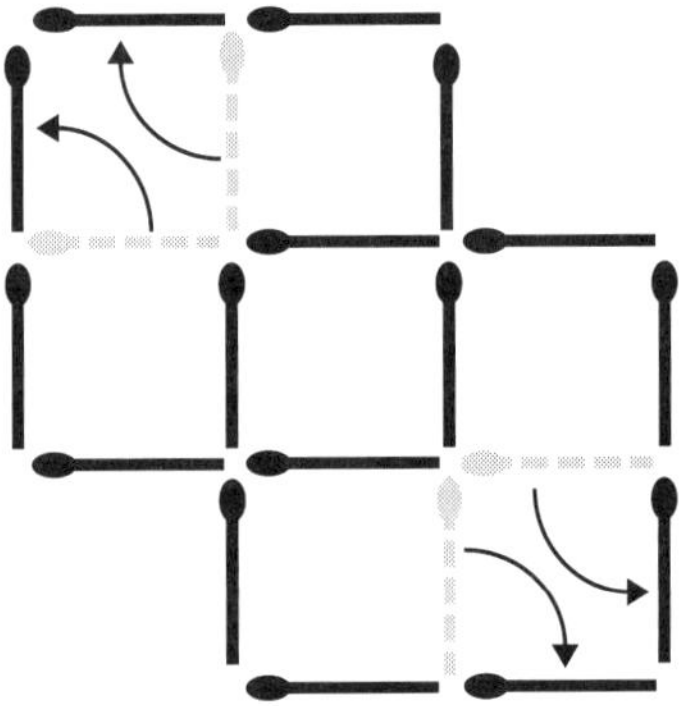

15 マッチ棒②

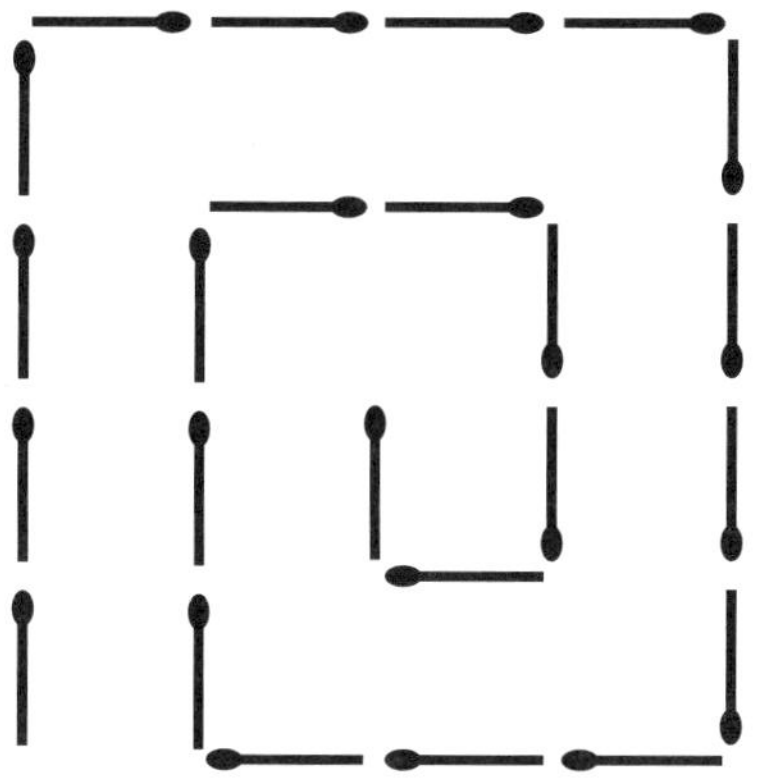

問

図のようにマッチ棒が並んでいる。4本だけ動かして、正方形を3個作れ。ただし、マッチ棒をとり去ってはいけない。

答

図の通り

答①

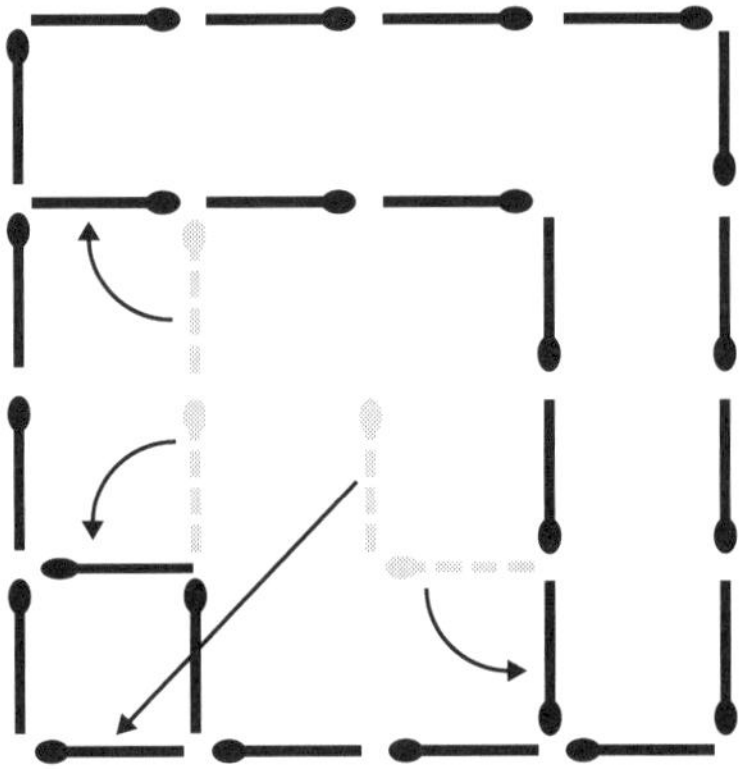

答②

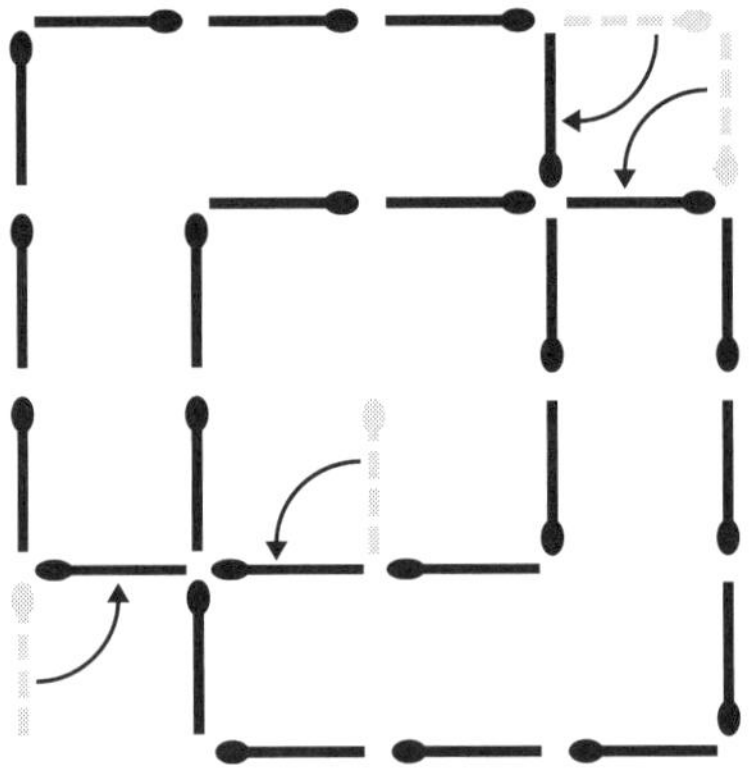

16 変えるべきか、変えざるべきか

問

A、B、Cの3つの箱がある。

「1つだけ100ドル入っている。当てたらおまえにやる」

と友人に言われた。

彼はどの箱に100ドル入っているか知っている。あなたはAを選んだとする。すると友人はCの箱をあけ、Cには何も入っていないことを示した。そして言った。

「今なら、1ドル払えばBに変えてもいいぞ」

さて、あなたは変えるべきか、変えざるべきか？

答

1ドル払っても変えるべきである

最初に、あなたがAを選んだとき、A、B、Cに100ドルが入っている確率はそれぞれ$\frac{1}{3}$で等しい。ということは、Aに100ドルが入っている確率は$\frac{1}{3}$、BまたはCに100ドルが入っている確率は$\frac{2}{3}$とも言える。その後、友人はCの箱をあけ何も入っていないことを示した。つまり、BまたはCに入っている確率は$\frac{2}{3}$だが、Cには入っていなかったわけだから、Bに入っている確率はこの時点で$\frac{2}{3}$となる。だから、1ドル払ってでも、選択を変更すべきなのである。

17 賭けごとに絶対負けない法

問

100円玉を13枚、机の上に積み上げる。友人とあなたはこれをかわるがわるとっていくゲームを行う。ただし、1回にとれる枚数は1枚以上3枚までとする。そして、最後の1枚をとることになったほうが負けだ。最初にとるのは友人だ。あなたが絶対に勝つ方法を考えよ。

答

相手がとる枚数を見て、残りの100円玉が9枚→5枚→1枚となるようにとっていく

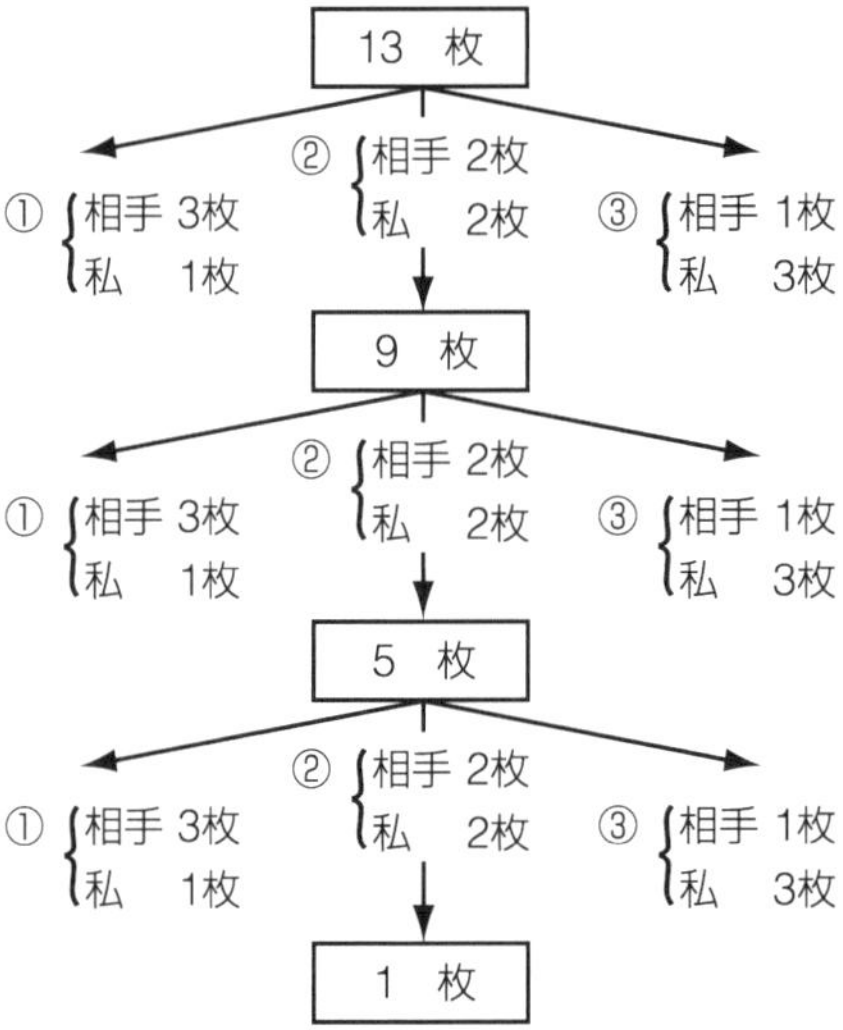

図のように、13枚→9枚→5枚→1枚と、差の4枚を念頭に置いてゲームを進めれば絶対勝てる。

この他に、ルーレットに絶対勝つ方法もある。毎回、前回の賭け金の2倍ずつを賭けていく。賭けた数字が当たる確率は有限であり、無限の資金があれば必ずいつか当たり、最初の賭け金の額がもうかる。金持ちだけ、さらに金持ちになるわけだ。

18 メトロノーム

問

メトロノームがカチ、カチ、カチ、……と6回鳴るのに6秒かかった。では、12回鳴るには何秒かかるか？

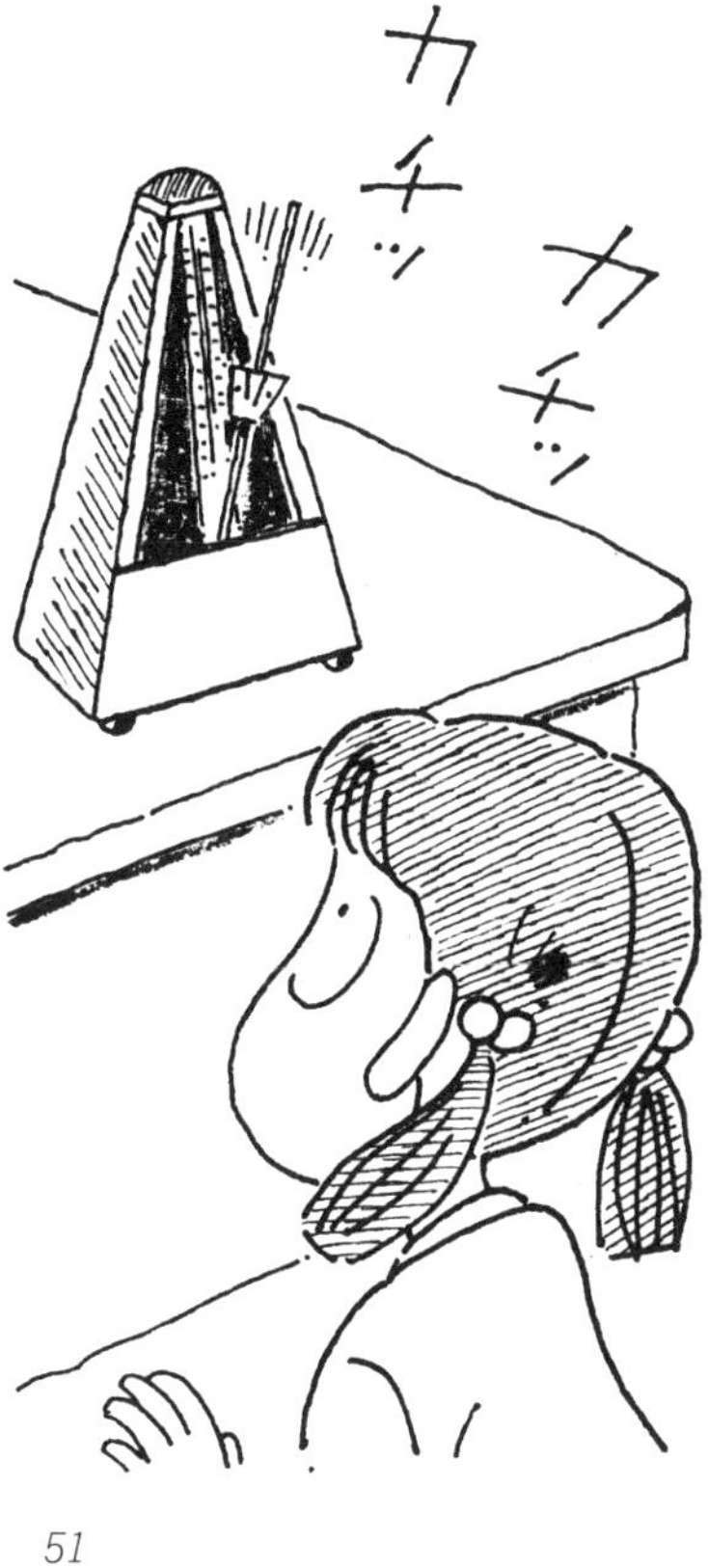

答

13・2秒

1つの間隔は
6秒÷5＝1.2秒

12回鳴るとき、
間隔は11だから
1.2秒×11＝13.2秒

6回鳴るときの間隔は5。だから1つの間隔は6秒を5で割った1・2秒ということになる。12回鳴るときの間隔は11だから、1・2秒に11をかけて13・2秒となる。

19 境界線

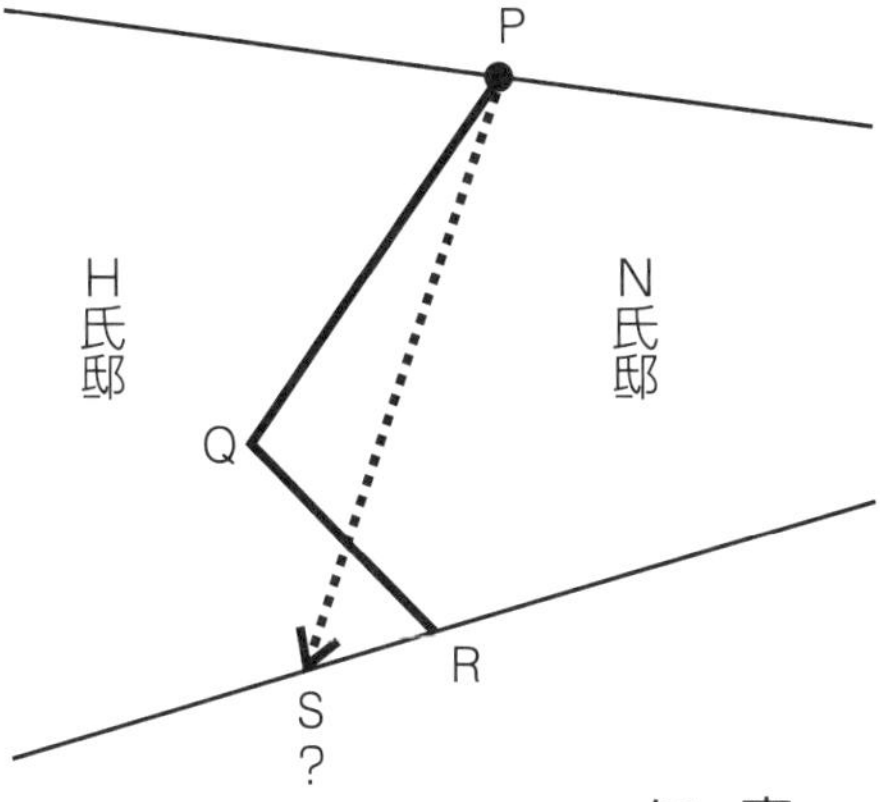

問

N氏邸とH氏邸の境を、両邸の面積を変えない、点Pからの直線で作りかえるには、どうすればよいか?

答

点Qを通りPRに平行な直線を引いて点Sを求め、直線PSを引いて境界線とすればよい

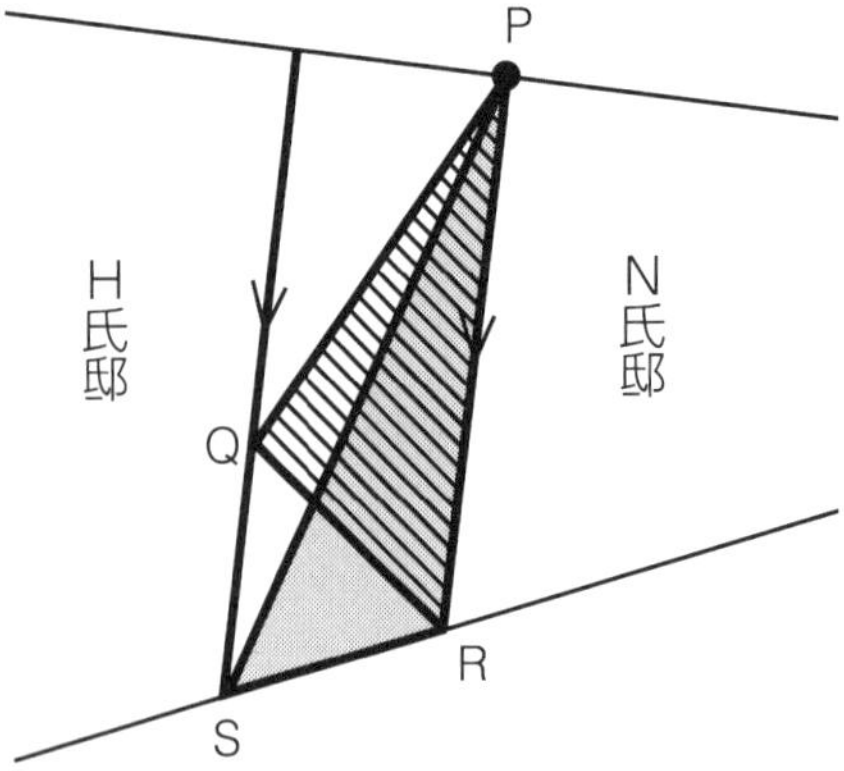

この場合、三角形PQRと三角形PSRは、底辺と高さが等しいので面積も等しい。これらをとりかえて、N氏邸とH氏邸は、新たな境界線PSによって以前と同じ面積に保たれる。

20 タッチ競走

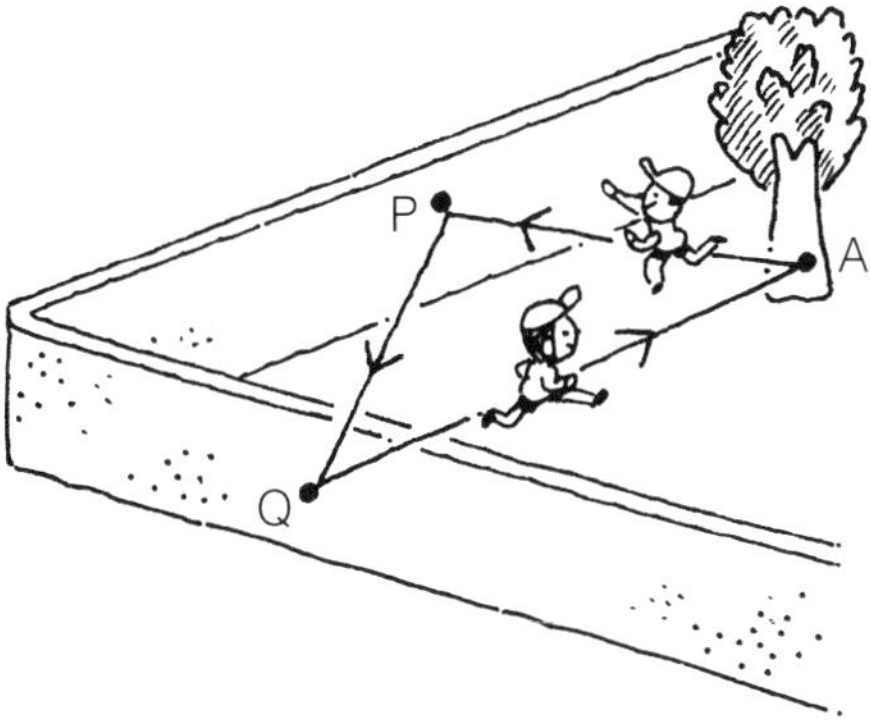

問

木Aから出発して、2つの塀にタッチして戻る遊びで、最短距離になるPとQの位置を求めよ。ただし、塀のなす角度は90度より小さいものとする。

答

図のように、塀に対するAの対称点A′、A″をとると、直線A′A″と塀との交点が最短距離をあたえるP、Qの位置である

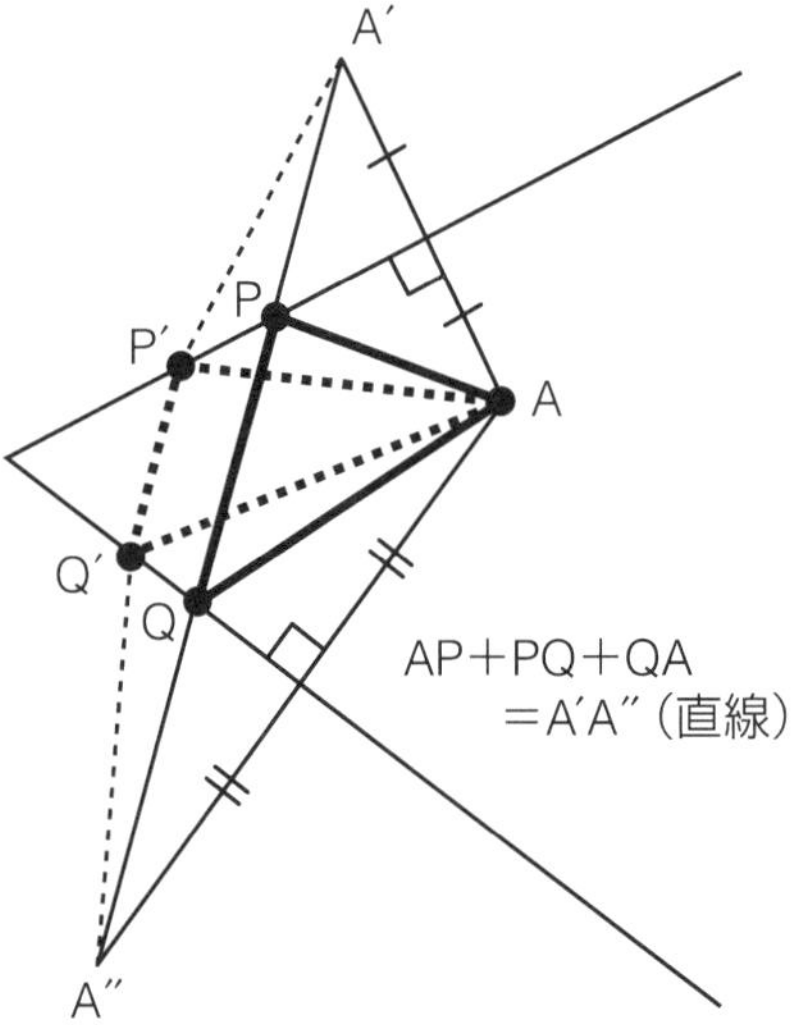

結局、実際に走った距離はA′PQA″の長さに等しい。もしP、Q以外の点P′、Q′でタッチしたとすると、A′P′Q′A″を結ぶ線は直線にならず、最短距離ではない。

コーヒーブレイク・2

問

三郎はとてもハンサムとは言い難く、女の子にモテないのが悩みの種だった。ある晩、妖精が現れ、1つだけ願いをかなえてくれるという。三郎は迷わず、この世で一番ハンサムにしてほしいと頼んだ。

翌朝、三郎はわくわくしながら鏡をのぞきこんだ。しかし、鏡に映った三郎の顔は昨日とまったく変わっていない。ところが、その日を境に、三郎は女の子にモテモテになってしまったのだ。なぜか？

答

三郎以外のすべての男が、三郎より醜男《ぶおとこ》になっていた。

21 神様と悪魔と人間

問

A、B、Cの3人がいる。じつは「神様」「悪魔」「人間」が1人ずつだ。「神様」は必ず本当のことを言い、「悪魔」は必ずうそをつく。「人間」は本当とうそを適当に使い分ける。

3人のコメントはこうだ。

A「私は神様ではない」
B「私は悪魔ではない」
C「私は人間ではない」

さて、A、B、Cは誰か？

答

A人間　B悪魔　C神様

まず、Aは神様ではない。なぜなら、Aが神様であるなら、神様は本当のことを言うから、「私は神様ではない」とは言わない。また、Aは悪魔でもない。悪魔が「私は神様ではない」では、本当のことを言ってしまっていることになる。したがって、Aは人間でしかあり得ない。

すると、B、Cは神様か悪魔のどちらか。そして、どちらにしても人間ではないので、Cの「私は人間ではない」という発言は本当のこと。

つまり、Cは神様。残ったBが悪魔ということになる。

22 10円玉と100円玉①

問

10円玉と100円玉が図のように4枚ずつ並んでいる。

毎回、隣り合った2枚のコインを、相互の位置を変えることなく同時に移動させる。

たった4回の移動で、10円玉と100円玉がすべて交互に並ぶようにせよ。

答

図の通り

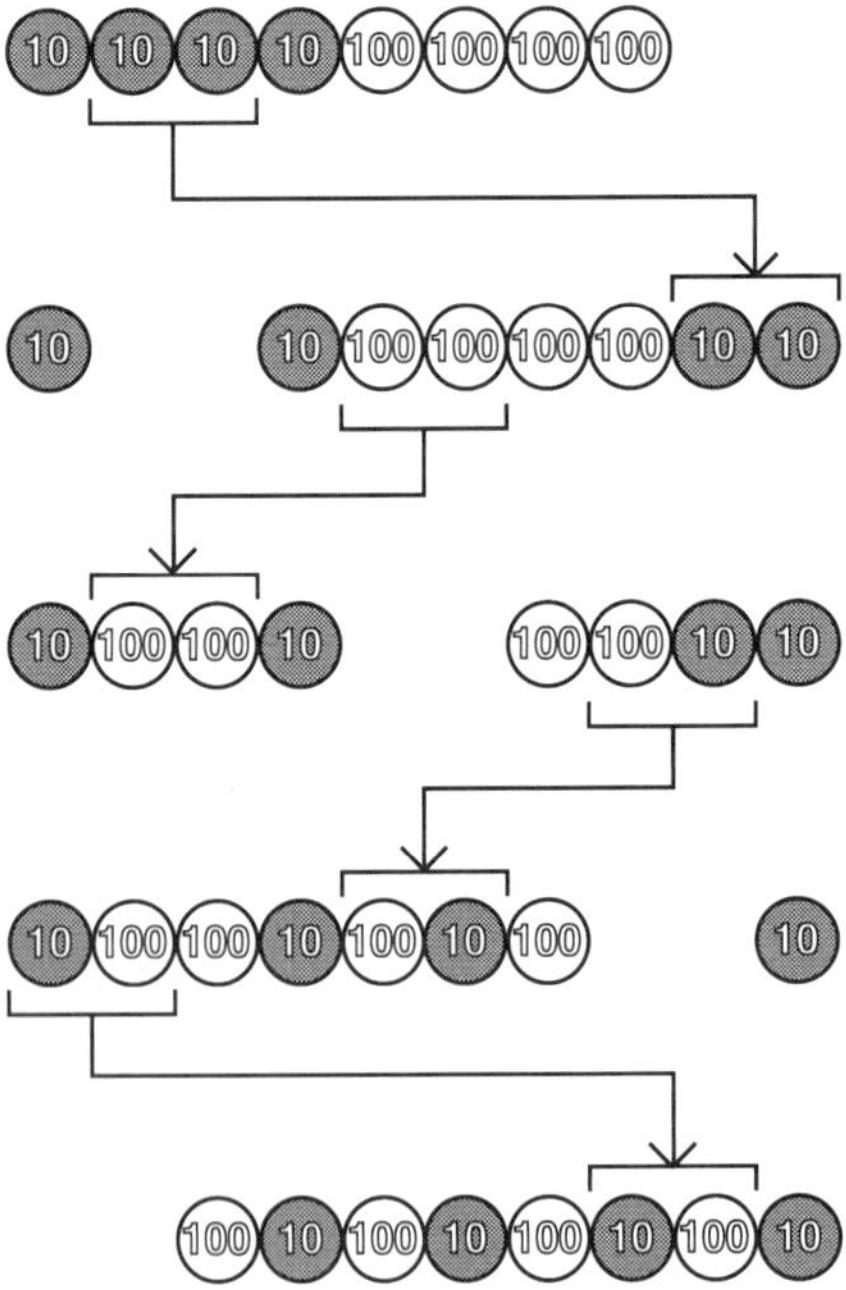

10 10 10 10 100 100 100 100
10 10 100 100 100 100 10 10
10 100 100 10 100 100 10 10
10 100 100 10 100 10 100 10
100 10 100 10 100 10 100 10

23 10円玉と100円玉②

問

10円玉と100円玉が図のように5枚ずつ交互に並んでいる。

毎回、隣り合った2枚のコインを、相互の位置を変えることなく同時に移動させる。

たった5回の移動で、10円玉どうし、100円玉どうしが連続して並ぶようにせよ。

答

図の通り

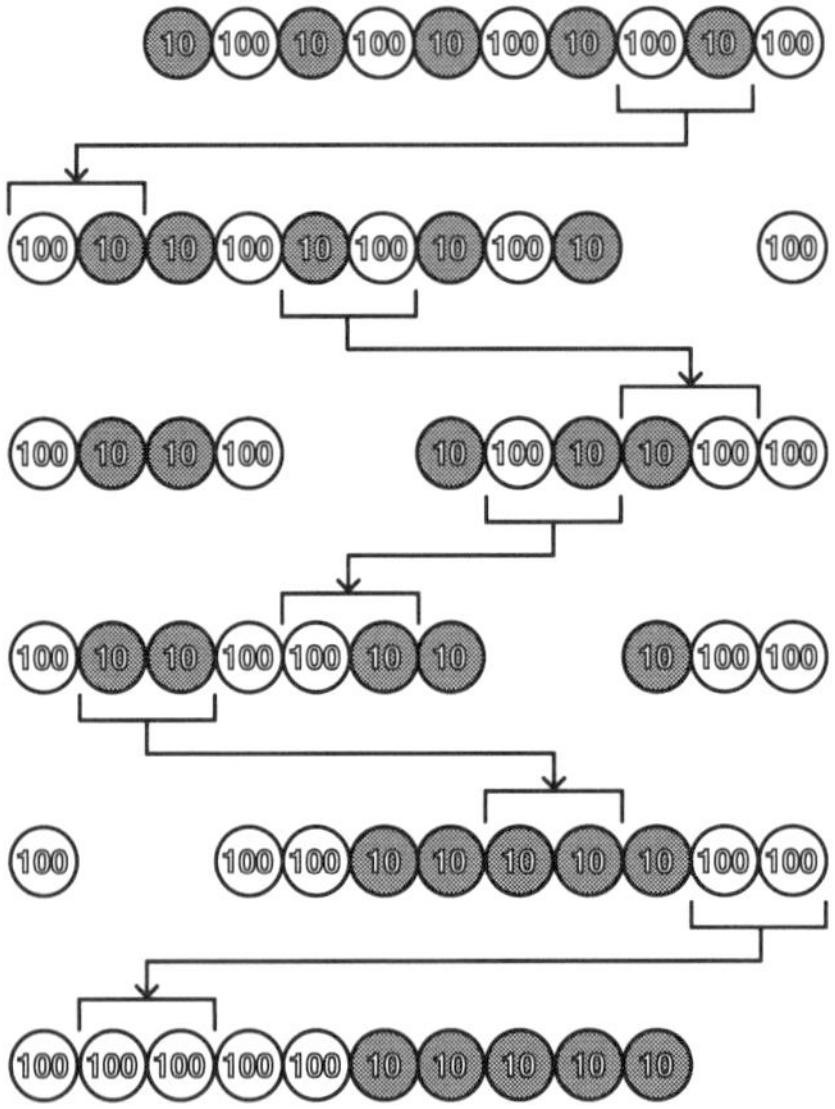

24 油の量り売り

問

容器に10リットルの油が入っている。7リットル枡《ます》と3リットル枡を使って、5リットルの油をとり分けよ。

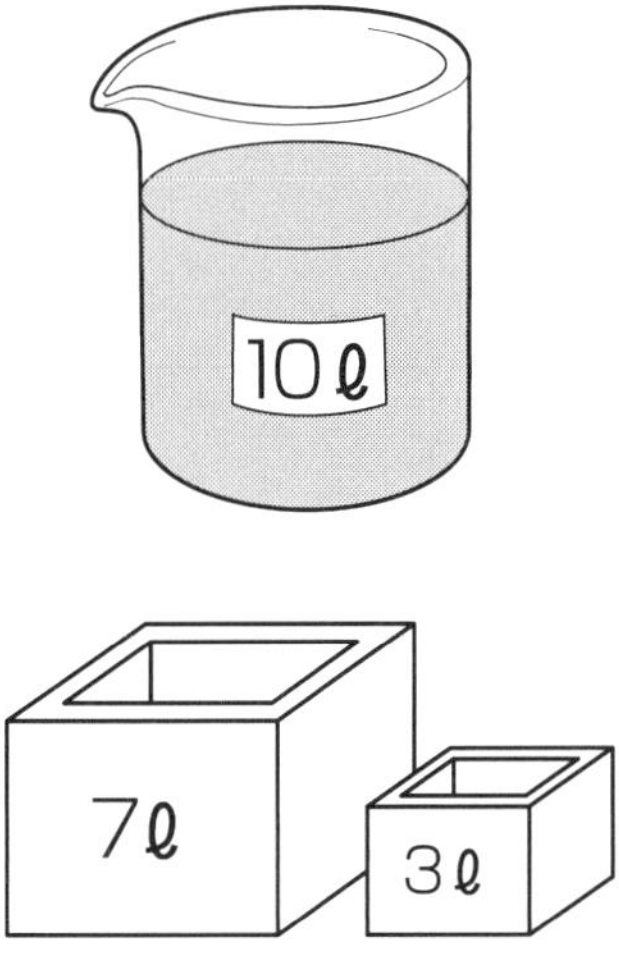

答

10リットルの油を7リットル枡と3リットル枡にすべて移し、図のようにそれぞれを傾ければ、両方の枡に残った油の合計が5リットルになる

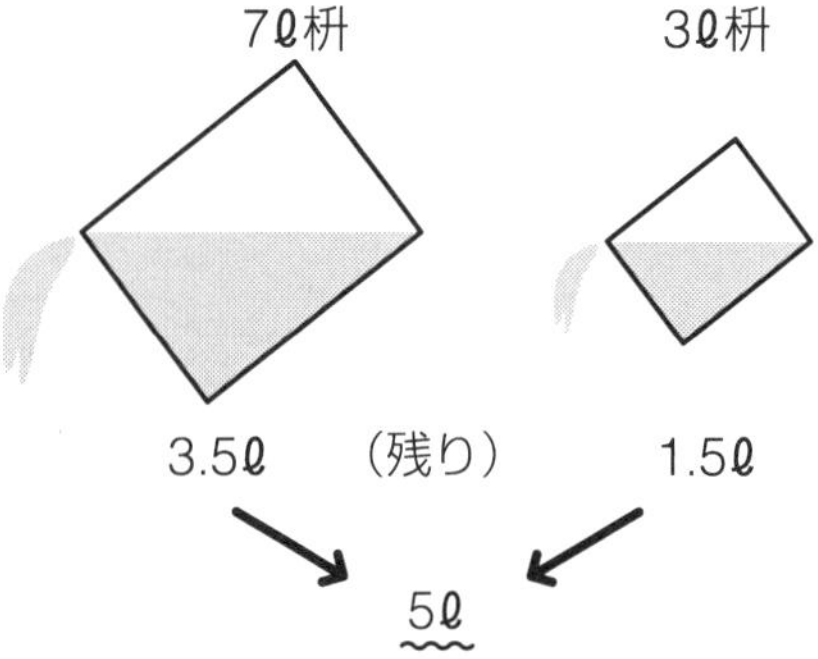

もちろん、この問題には枡を傾けたりしない正統的な解法もある。その一例を表に示す。

回	容器 10ℓ	枡 7ℓ	枡 3ℓ
1	3	7	0
2	3	4	3
3	6	4	0
4	6	1	3
5	9	1	0
6	9	0	1
7	2	7	1
8	2	5	3

25 砂時計

問

それぞれ7分と5分を計れる2つの砂時計を使って、スタートから16分を計れ。ただし、砂時計に目盛りはない。

答

①7分計と5分計を同時にスタートさせる。
②5分計が終わったら、それをひっくり返す。
③7分計が終わったら、それをひっくり返す。この瞬間に、5分計を横に倒す(このとき5分計は、片側に2分、片側に3分に分かれている)。
④7分計の2回目が終わったら(14分経過)、倒しておいた5分計の、残り2分をスタートさせる。
⑤残り2分が終わったら、終了。

なお、5分計を横倒しにしないでできる別解もある。考えてみてほしい。

26 年齢当て

問

ある人の年齢を、3で割ると余りは1、5で割ると余りは2、7で割ると余りは3だという。この人の年齢は?

答

52歳

さて解法であるが、年齢を3、5、7で割った余りをそれぞれa、b、cとすると、(a×70)+(b×21)+(c×15)を計算して、それを105で割った余りが答になる。この問題の場合、(1×70)+(2×21)+(3×15)=157となり、これを105で割ったときの商は1、余りは52となるわけである。

理由を説明すると長くなるので省くが、基本は「剰余系」という考え方であり、日本の伝統数学である和算においても「百五減算」などと呼ばれている(もともとは奈良・平安時代に中国から伝来した)。

計算式さえ覚えてしまえば、女性の年齢を聞き出すのにこれほどスマートな方法はないだろう。ただし、105歳以上の相手には使えない。

27 クモとハエ

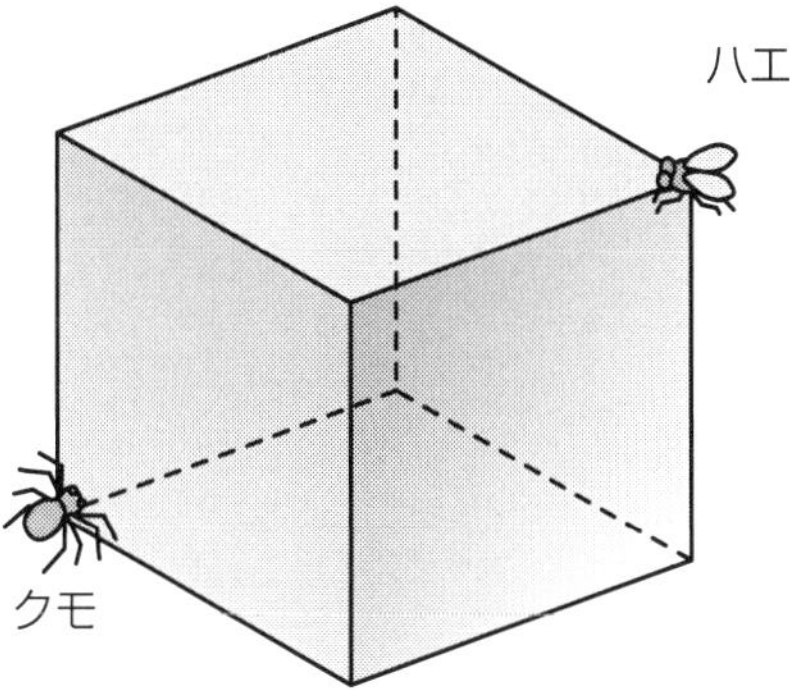

問

図のように、クモが立方体の一方の角《かど》にいるハエをねらっている。面上に最短距離を描け。

答

図の通り

展開図で考えてみれば明らか。もちろん、最短経路は他にもある（別の展開図を考えてみてほしい）。

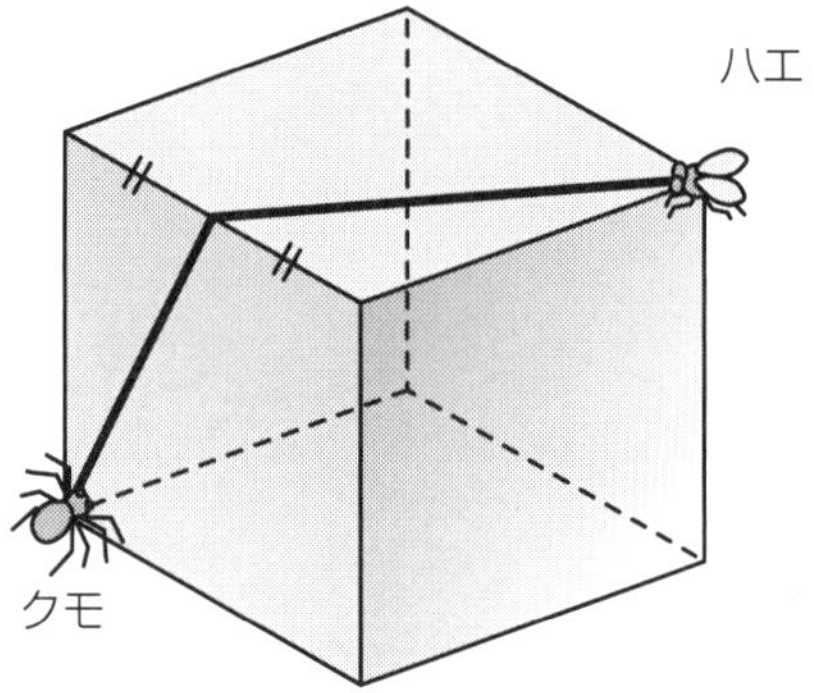

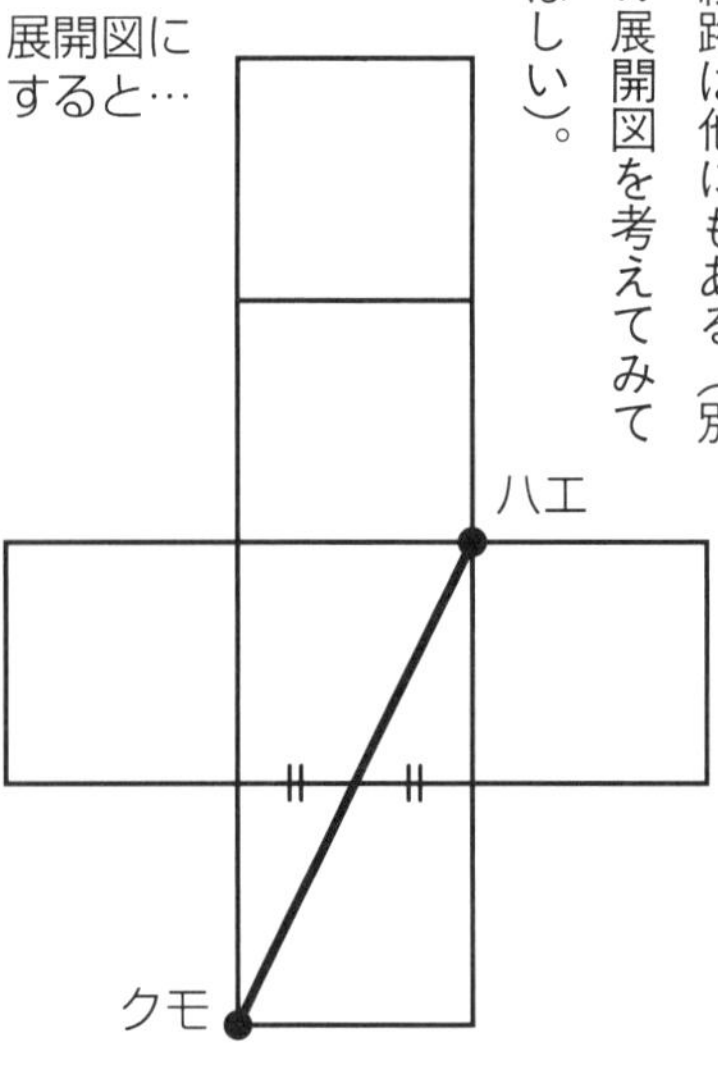

28 通学路

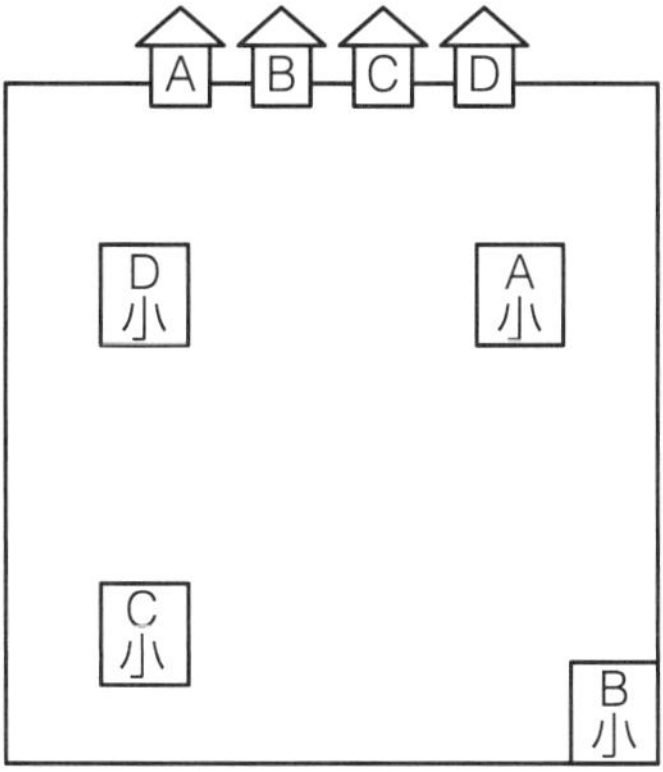

問

少年A、B、C、Dの住む家が図のように並んでいる。A少年はA小学校へ、B少年はB小学校へ、C少年はC小学校へ、D少年はD小学校へ通っている。どの通学路も交わることのないように、少年A、B、C、Dの通学路を線で描け。ただし、正方形の境界から出てはいけない。

答

図の通り

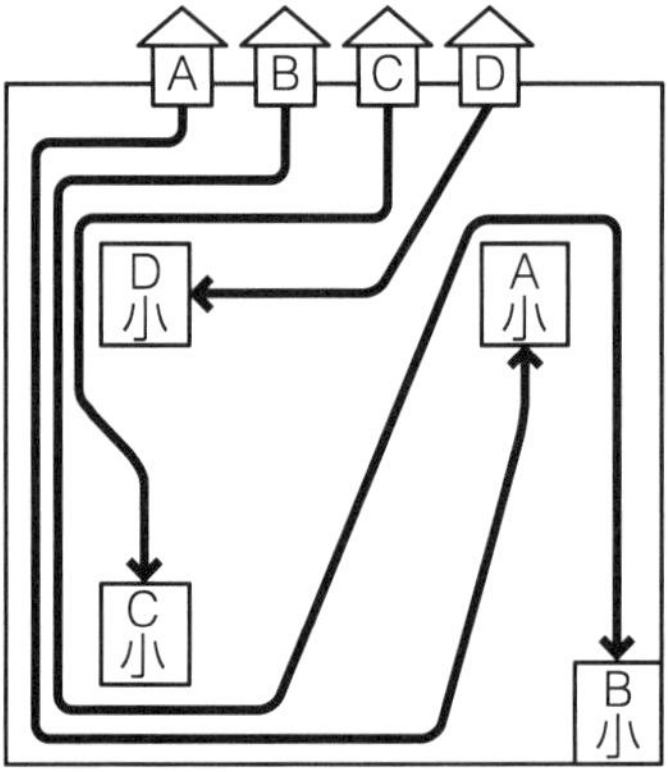

これはネットワーク問題とも呼ばれ、コンピュータの配線などに役立っている。

29 赤十字を正方形に

問

赤十字形の紙を2本の直線で切って4片に分け、それを並べて正方形を作れ。

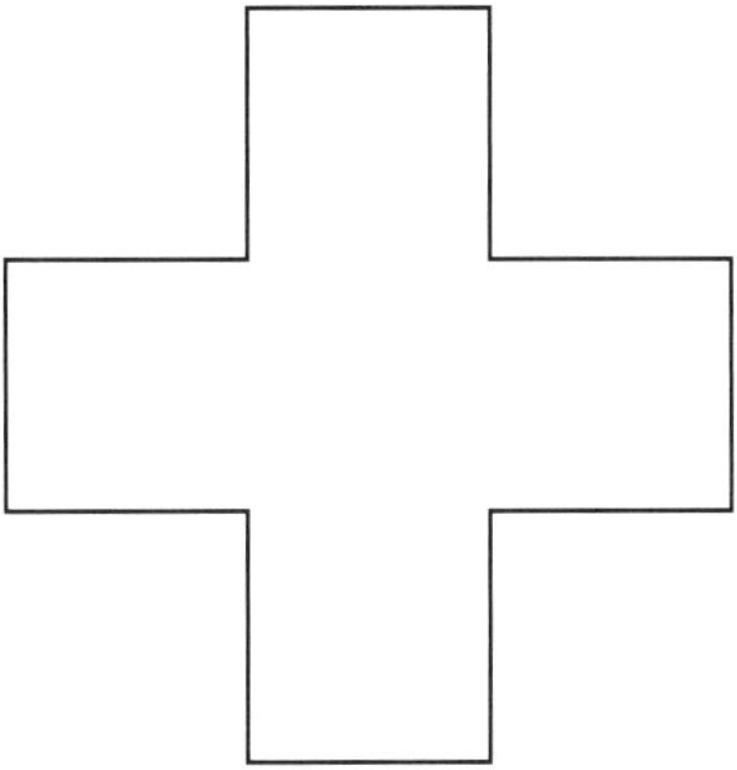

答

図の通り

答①

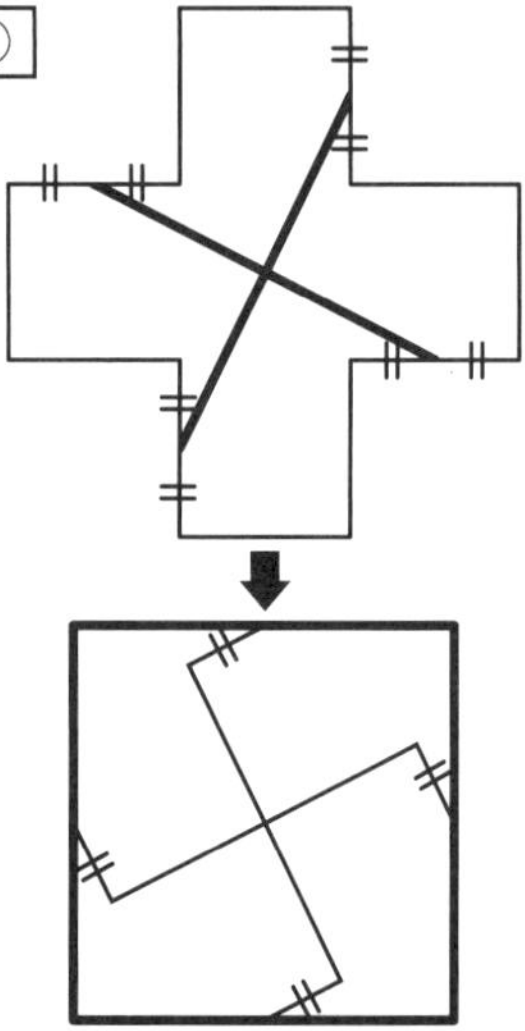

答②

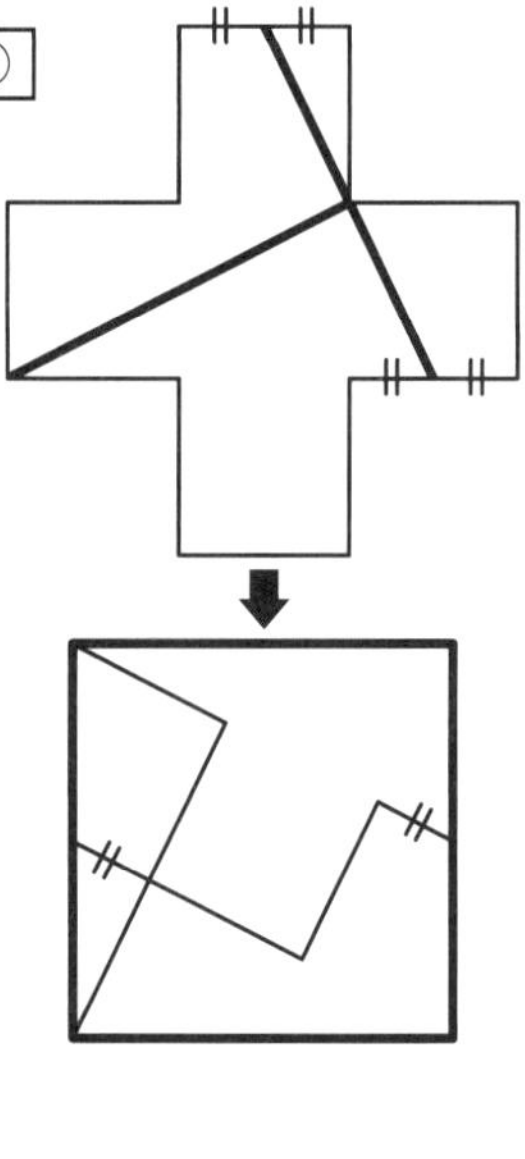

30 鎖をつなげる

問

図のように、3個の輪からなる5本の鎖がある。これをつないで1本の鎖を作りたい。いくつかの輪を開いて、他の輪とつなげばよいのだが、1つの輪を開くのに1分、閉じるのに1分かかるという。さて、最短では何分で1本の鎖にできるか?

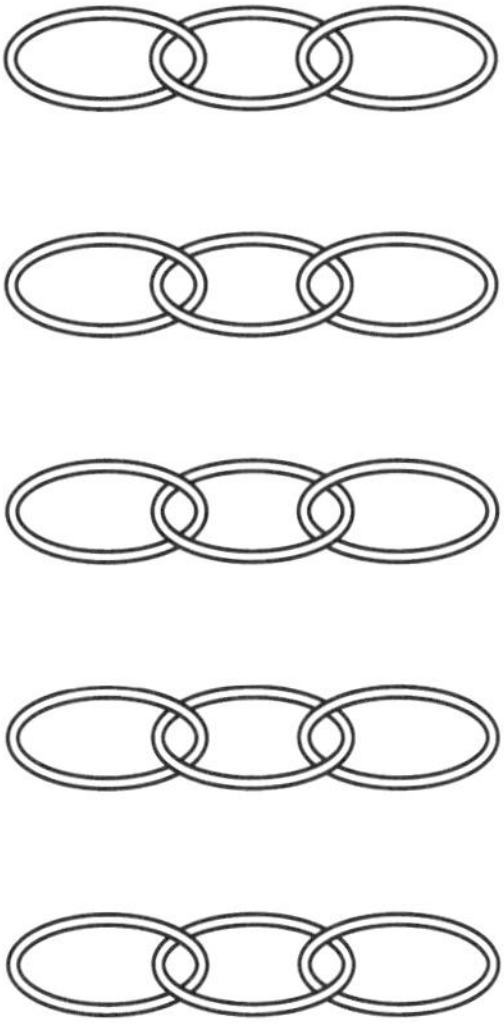

答

最短で6分

ふつうにやると、4本の鎖の端の輪を開いて閉じるので8分かかる。

しかし、工夫すれば6分でできる。1本の鎖をすべて開くのがポイントである。開いた3つの輪で、残りの4本の鎖をつなげばよい。

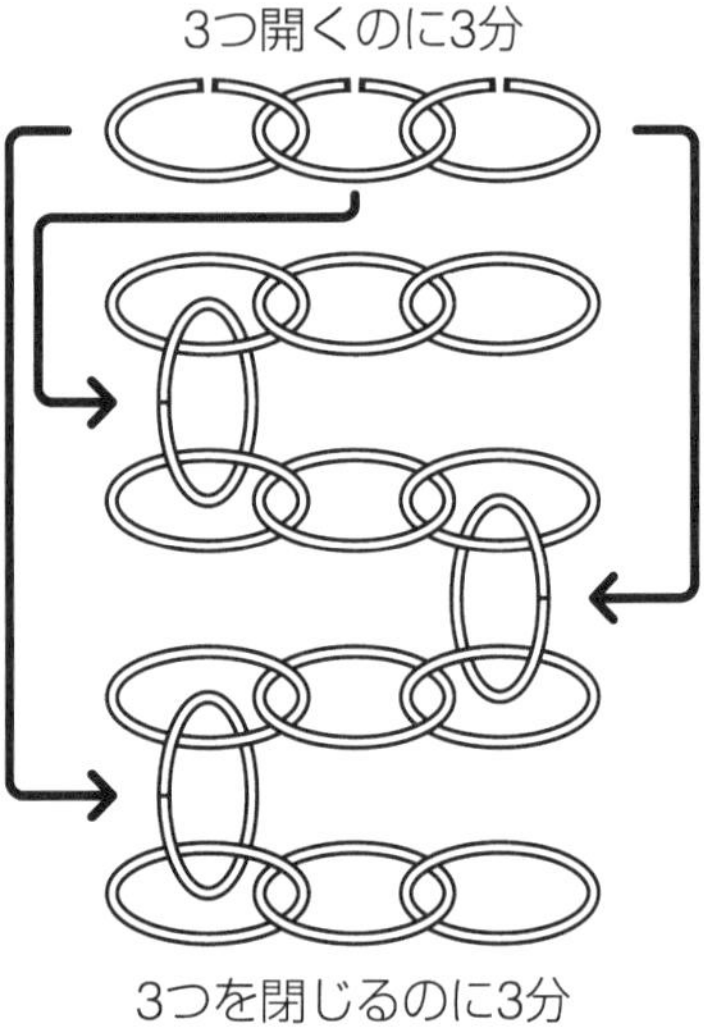

コーヒーブレイク・3

問

ある飛行機が、A地点からB地点に行くのに1時間20分かかり、帰りには80分しかかからない。これをどう説明するか?

答

何の問題もない。飛行機は行きも帰りもまったく同じ時間で飛行する。80分は1時間20分なのだから。

似たような問題を1つ。

「A地点とB地点の間を飛行機で往復した。同じコース、同じ速度なのに、往きは1日で着き、帰りは2日かかった。これをどう説明するか?」

答は、

「帰りは途中で日付が変わった」

31 犯人はだれだ！

問

ある家に1人の泥棒が入った。やがて、3人の兄弟が容疑者として浮かび上がった。3人の言い分はこうだ。

長男「おれは犯人じゃない」

次男「三男は犯人じゃない」

三男「おれが犯人だ」

その後、3人のうちの2人がうそを言っていたと判明した。

さて、犯人は誰か？

答

長男

次男と三男の言い分は正反対である。つまり、どちらかがうそを言っていて、どちらかは真実を言っている。となると、うそを言っているのは2人だから、長男はうそを言っていることになる。したがって長男の「おれは犯人じゃない」はうそで、犯人は長男。

32 どれが正しい？

問

囲いの中に4つの文がある。どれが正しいか？

1 この囲いの中に正しくない文が1つある。
2 この囲いの中に正しくない文が2つある。
3 この囲いの中に正しくない文が3つある。
4 この囲いの中に正しくない文が4つある。

答

3

3が正解であることを示そう。

1が正しいと仮定すると、正しくない文は1つ。しかし、2、3、4の内容はそれに反し、正しくない文は3つとなり、仮定は誤り。

2が正しいと仮定すると、正しくない文は2つ。しかし、1、3、4の内容はそれに反し、正しくない文は3つとなり、仮定は誤り。

4が正しいと仮定すると、正しくない文は4つ。しかし、1、2、3の内容はそれに反し、正しくない文は3つとなり、仮定は誤り。

最後に、3が正しいと仮定すると、正しくない文は3つ。このとき、1、2、4の内容はそれに反し、正しくない文は3つとなり、3が正しいとした仮定は正しく、正解は3。

33 豚の囲い

問

21匹の豚を4つの囲いに収容して、それぞれの囲いの中の豚の数がすべて奇数になるようにしたい。どうすればよいか?

答

たとえば図のようにすればよい

34 正方形の穴に長方形の板でフタをする

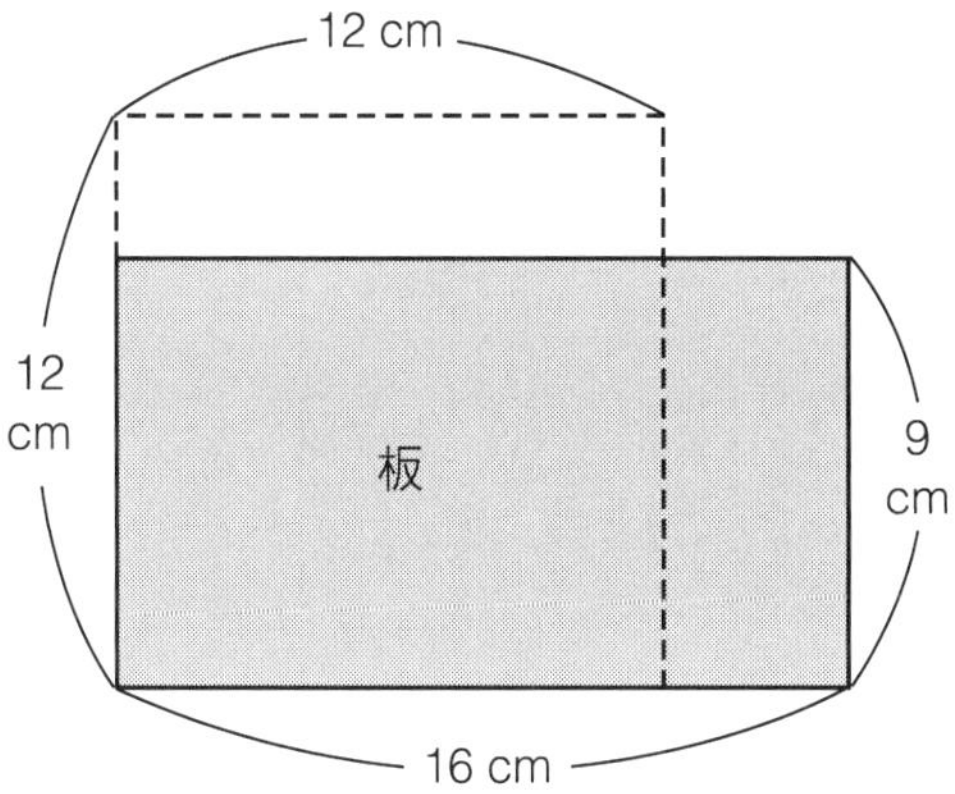

問

壁に空いた12センチ平方の穴をふさがねばならないのだが、あいにく幅9センチ、長さ16センチの長方形の板しかない。しかし、頭の働く大工が、この板をうまく2つに切って、この穴をぴたりとふさいでしまった。大工はこの板をどのように切ったか？

答

図のように階段状に切った

このような問題は、江戸時代には「裁《た》ち合わせ」という名前で庶民に親しまれた。

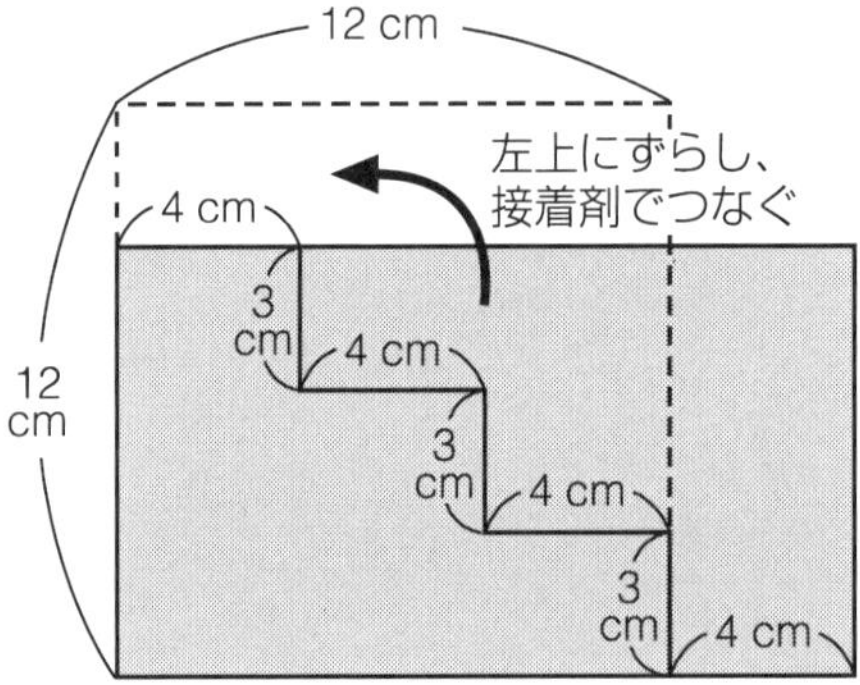

35 角度は何度?

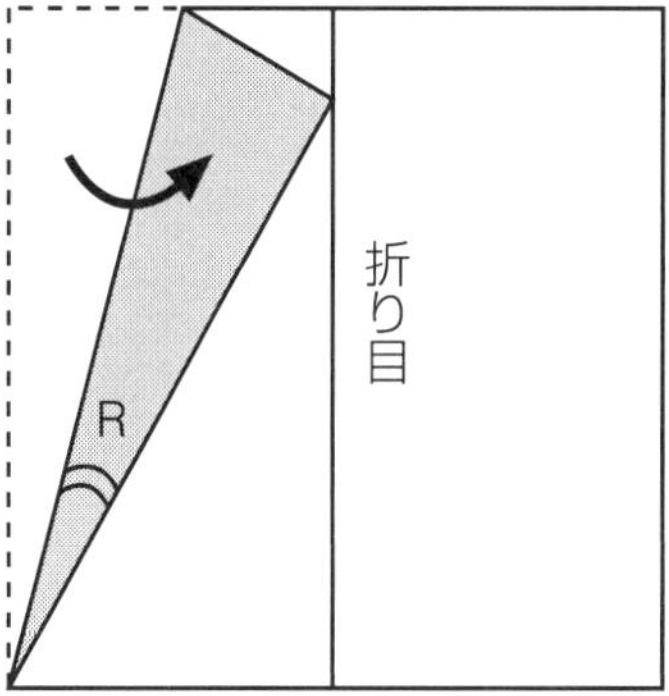

問

正方形の紙を2つに折り、中央に折り目をつける。そして図のように、折り目の線上に1つの頂点がくるように折り曲げる。このとき角Rは何度か?

答

15度

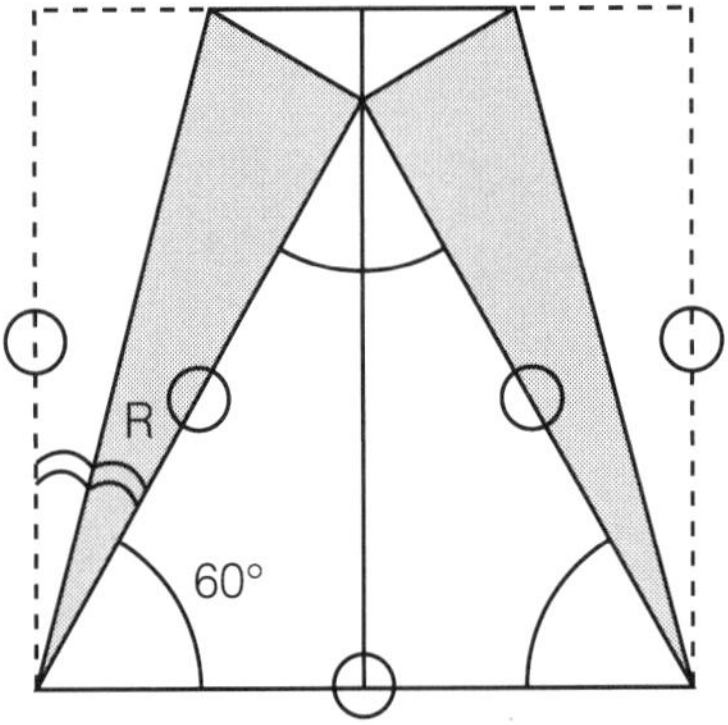

図のように、もう一つの頂点も同じように折れば、中央に3辺の長さが等しい（すべて正方形の一辺であるから）正三角形ができる。正三角形の一つの角は60度だから、90度から60度を引いた30度が、求める角Rの2倍（折り曲げただけだから2倍である）に等しい。よって角Rは15度。

36 ねずみを捕らえる猫

問

5匹の猫が5匹のねずみを5分間で捕らえるという割合でいけば、100匹のねずみを100分間で捕らえるのに必要な猫の数は何匹?

答

5匹

5匹の猫がいれば、5分間で5匹のねずみを捕らえ、50分間で50匹のねずみを捕らえ、100分間で100匹のねずみを捕らえる。

37 分母はいくつ？①

問

左の式の□に入る1から9までの数字は？　ただし、2つの□には異なる数字が入る。

$$\frac{5}{8}=\frac{1}{\square}+\frac{1}{\square}$$

答

2と8

$$\frac{5}{8}=\frac{10}{16}$$
$$=\frac{8}{16}+\frac{2}{16}$$
$$=\frac{1}{2}+\frac{1}{8}$$

歴史上、分数は難題中の難題と言われ、古代エジプトでは、ふつうの分数は、この問題のように分子が1の分数（単位分数）の和に分解した表を作っていた。つまり、（$\frac{2}{3}$を除いて）分数を分母だけで示した。

また、古代バビロニアでは、分母を60と一定して、分子だけで示した。

さまざまな方法の裏に、古代人が分数に苦しんだようすがうかがわれる。

38 分母はいくつ？②

問

左の式の□に入る1桁または2桁の数字は？　ただし、3つの□には異なる数字が入る。

$$\frac{5}{7}=\frac{1}{\square}+\frac{1}{\square}+\frac{1}{\square}$$

答

2と7と14

$$\frac{5}{7}=\frac{20}{28}$$
$$=\frac{14+4+2}{28}$$
$$=\frac{14}{28}+\frac{4}{28}+\frac{2}{28}$$
$$=\frac{1}{2}+\frac{1}{7}+\frac{1}{14}$$

この種の問題は、ひらめき勝負であるが、基本は分母の倍数からさがすことである。

39 ドーナツの面積

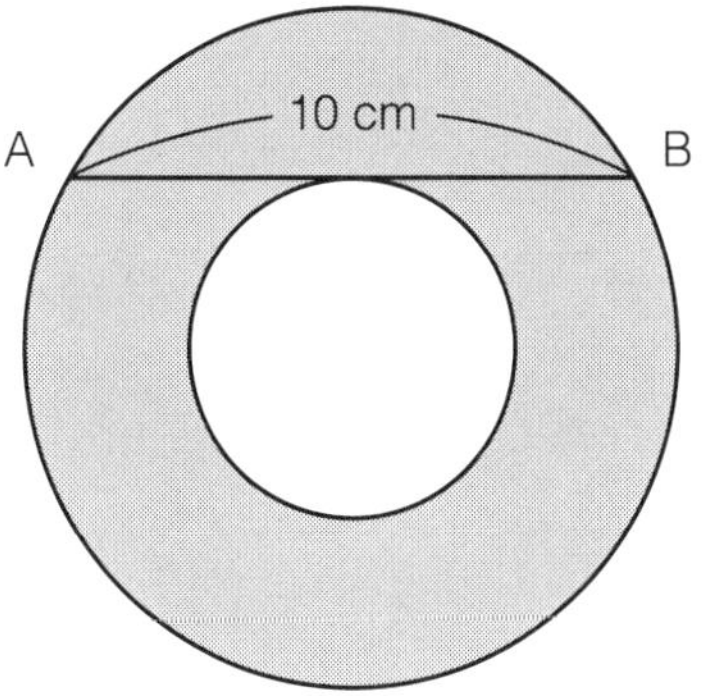

問

図の2つの円は同心円であり、直線ABは小さいほうの円の接線である。ABの長さが10センチのとき、灰色のドーナツ部分の面積はいくらか？

答

25π平方センチ

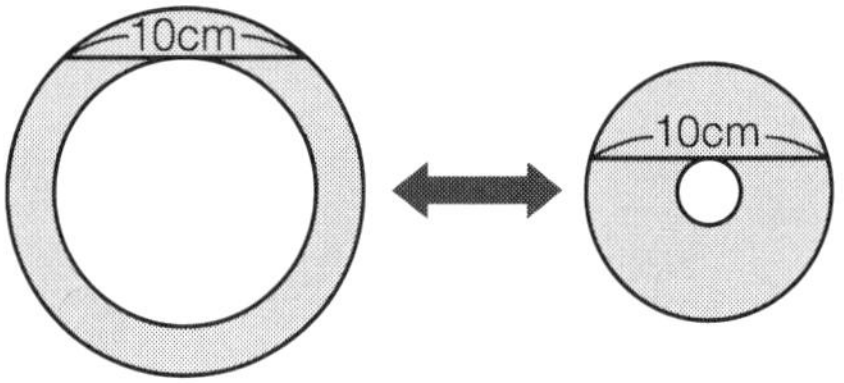

別解

灰色部分の面積

＝(大きい円の面積)
　－(小さい円の面積)

$= \pi(x^2+5^2) - \pi x^2$

$= 25\pi\ (\mathrm{cm}^2)$

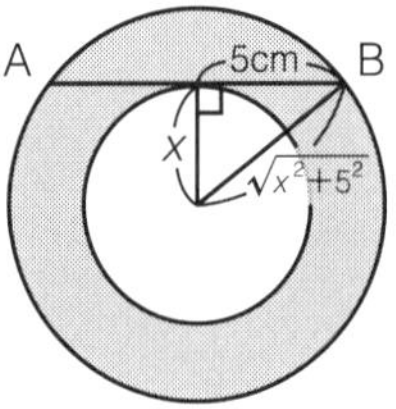

上の図のように、2つの円の大きさを変えても、ABの長さが10センチという状況は作れそうである。すると、小さいほうの円をどんどん小さくしていっても、灰色部分の面積は同じになるはずだ。したがって、灰色部分は直径10センチの円の面積に等しく、25π平方センチとなる。

もちろん、(三平方の定理は使うが)別解のように正統的にも解ける。

40 じゃれつく犬

問

太郎が時速2キロメートルの速さで公園を出発した。

1時間後、さとしが同じ道に沿って時速4キロメートルで太郎のあとを追いかけ、1時間後に太郎に追いついた。

さとしの犬は、さとしと同時に出発し、時速10キロメートルでさとしと太郎の間を行き来しながら、さとしが太郎に追いつくまで走り続けた。

さとしが太郎に追いついたとき、犬はどれだけ走ったか?

答

10キロメートル

難しく考えすぎると泥沼にはまる級数問題である。しかし、次のように考える。

さとしが太郎に追いつくまでの1時間、犬は時速10キロメートルの速さで走り続けていたのだから、犬が走った距離は10キロメートルである。

コーヒーブレイク・4

問

2人の父親が2人の息子にこづかいをあたえた。1人の父親は、その息子に3000円、もう1人の父親は息子に1500円をあたえた。2人の息子が数えてみたら、息子2人の所持金の増加は、合わせて3000円にしかならなかったという。なぜか？

答

2人の父親と2人の息子は、祖父、父、息子だった

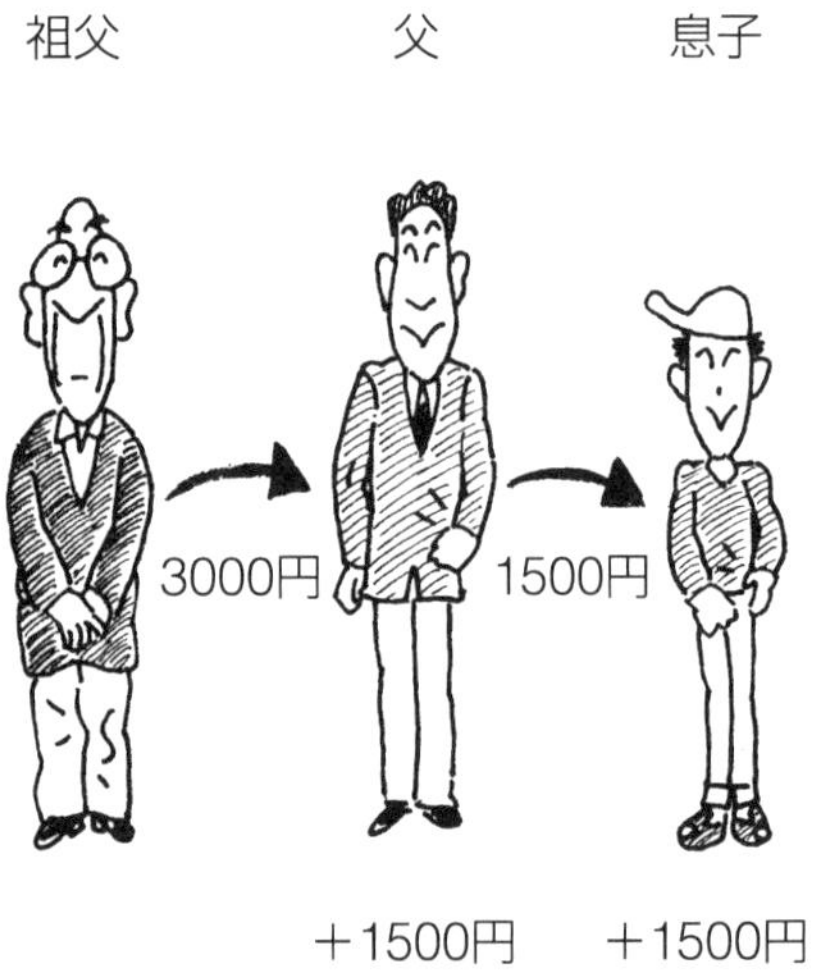

41 P＝Qの証明①

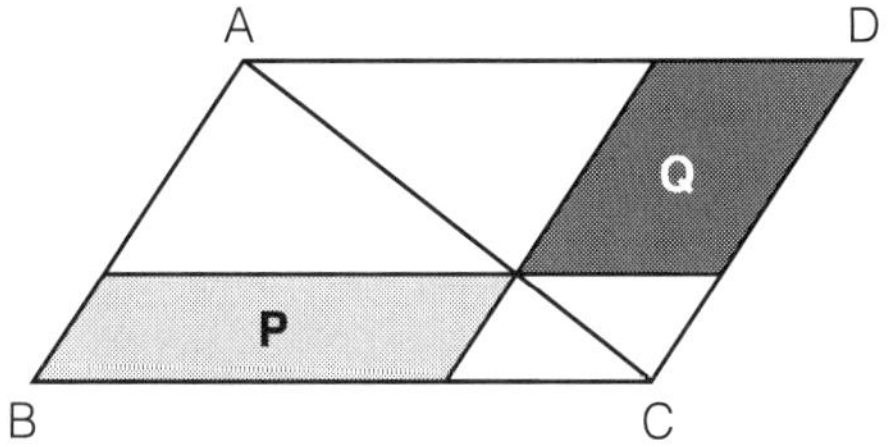

問

ABCDは平行四辺形である。その内部の平行四辺形P、Qの面積が等しいことを証明せよ。

答

ABCDは平行四辺形であるから、図の★の部分どうしの面積は等しく、●の部分どうしの面積も等しい。また、三角形ABCと三角形CDAの面積も等しいので、等しい面積から等しい面積を引いた残りであるPとQの面積も当然等しい

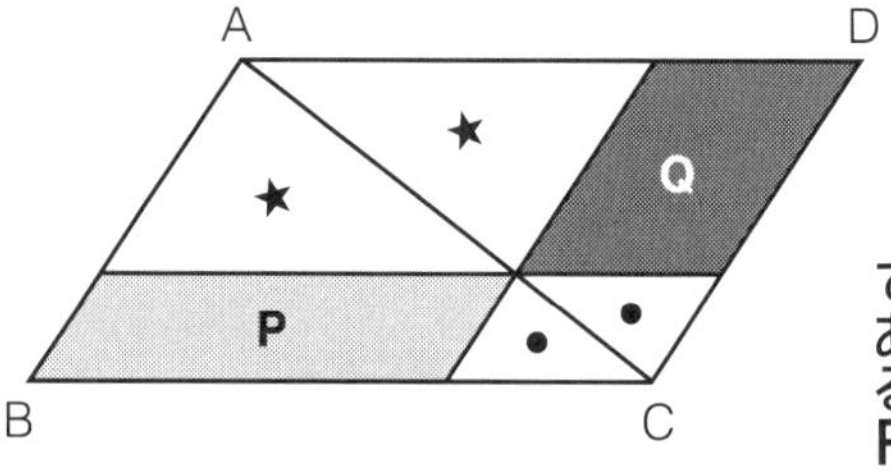

なお、P、Qとはさまれた2つの小三角形とが作る逆L字形が、古代シュメールのグノモン（日時計）の形に似ていたことから、古代ギリシアではこの形をした問題をグノモンと呼んだ。

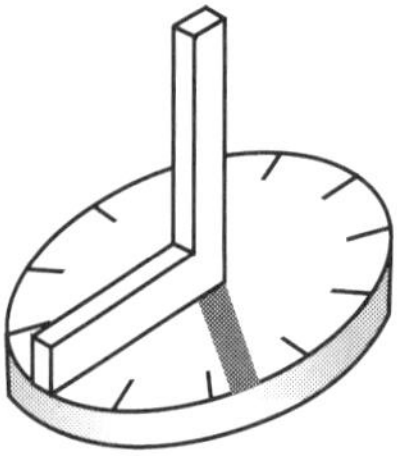

42 P＝Qの証明②

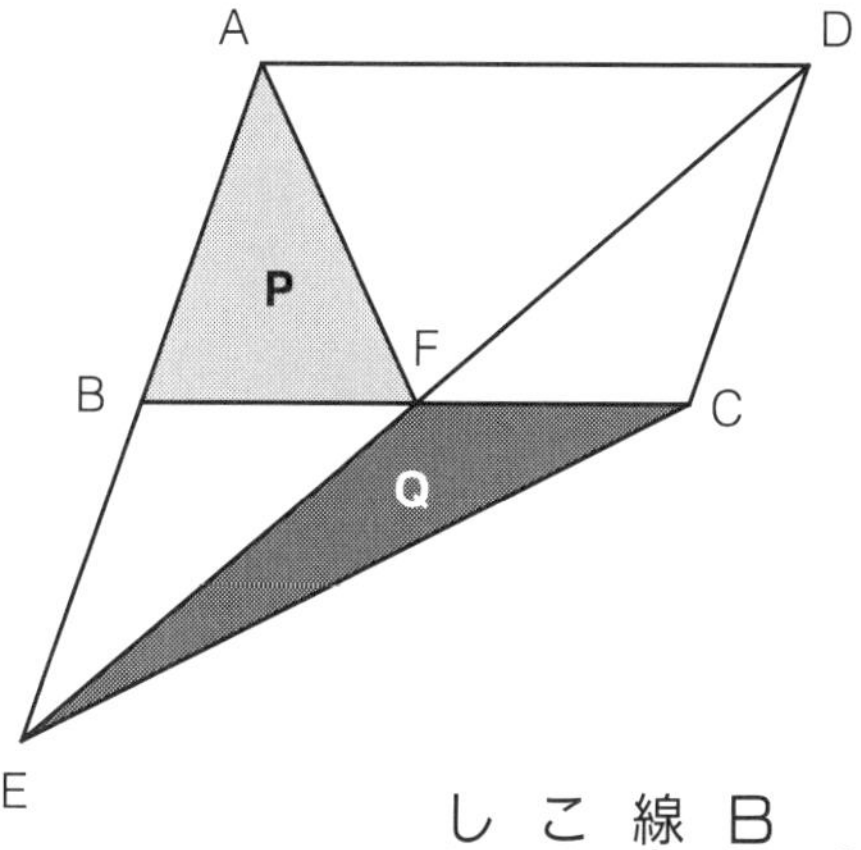

問

ABCDは平行四辺形である。いま、BC上に任意の点Fをとり、ABの延長線とDFの延長線との交点をEとする。このとき、図の三角形**P**と**Q**の面積が等しいことを証明せよ。

答

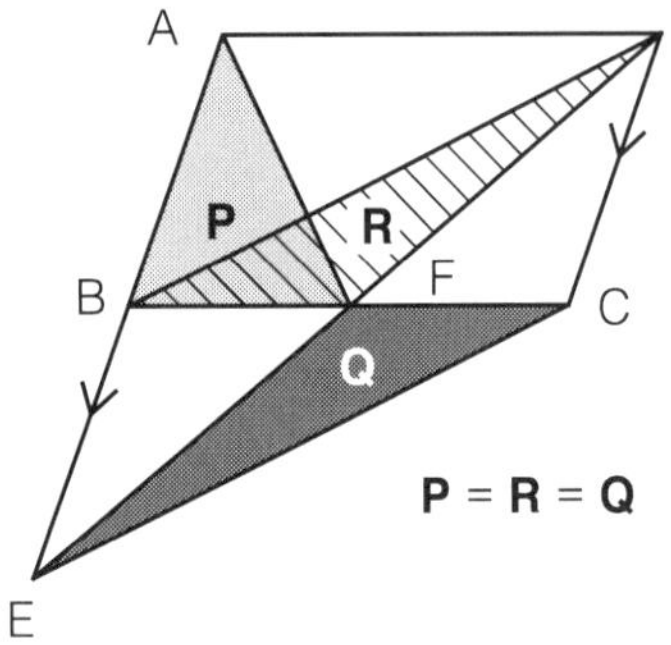

図のように補助線DBを引いて三角形DBF（＝R）を考えると、PとRは底辺と高さが等しく面積は等しい。また、直線AEと直線DCは平行だから、三角形DBEと三角形CBEは底辺と高さが等しく面積は等しい。よって、共通の三角形FBEを引いた残りのRとQの面積は等しい。結局、PとR、RとQの面積が等しいから、当然PとQの面積は等しい。

補助線1本で簡単に解ける面白さがある。

43 知恵者

問

赤い帽子が3個、白い帽子が2個ある。いま、A男の前にB男、B男の前にC男と、3人が縦一列に並んでいる。そして3人に1つずつ帽子をかぶせ、残りを隠した。

3人とも、自分より前の人の帽子は見えるが、自分の帽子は見えない。

「自分の帽子の色がわかるか?」とA男に聞くと、

「わからない」

次にB男に聞くと、「わからない」

それを聞いたC男は、「わかった!」

さて、C男の帽子の色は?

答

赤

B男とC男の帽子が白だとすれば、白は2つしかないので、A男は自分の帽子が赤だとわかるはず。しかし、「わからない」と答えたのだから、B男とC男がかぶっている帽子は、赤と白が1つずつか、赤が2つ、のはず。

すると、B男がC男の帽子を見たとき、それが白であれば、自分が赤だとわかるはず。しかし、「わからない」と答えたのだから、C男の帽子は赤しか考えられない。C男はなかなかの知恵者である。

44 重なり合う面積は？

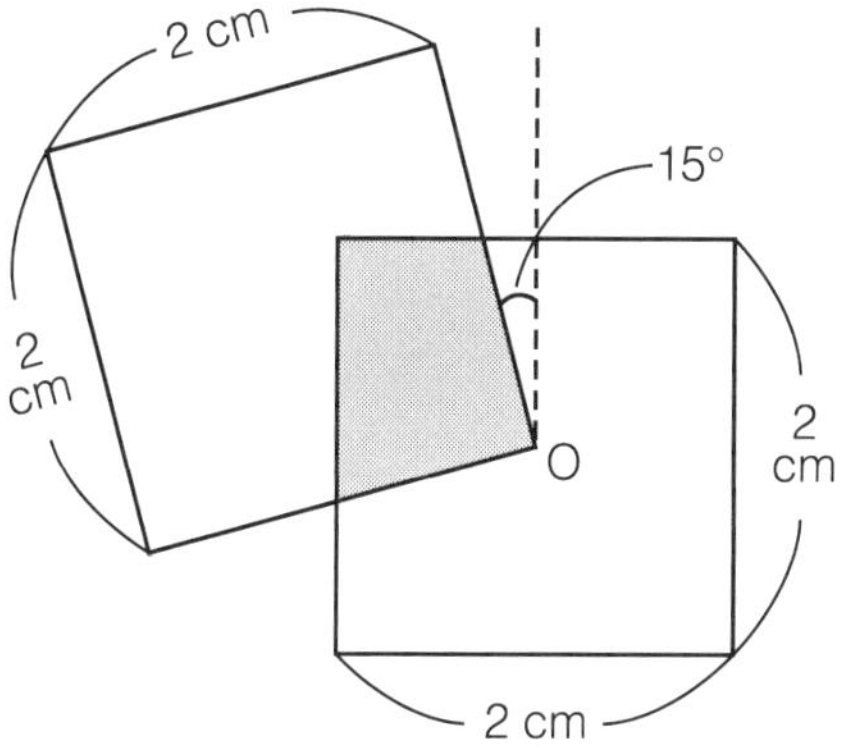

問

1辺が2センチの合同な2つの正方形の折り紙で、一方の中心に他方の頂点があるようにして、15度だけ回転させたとき、両方の重なり合う部分の面積を求めよ。

答

1平方センチ

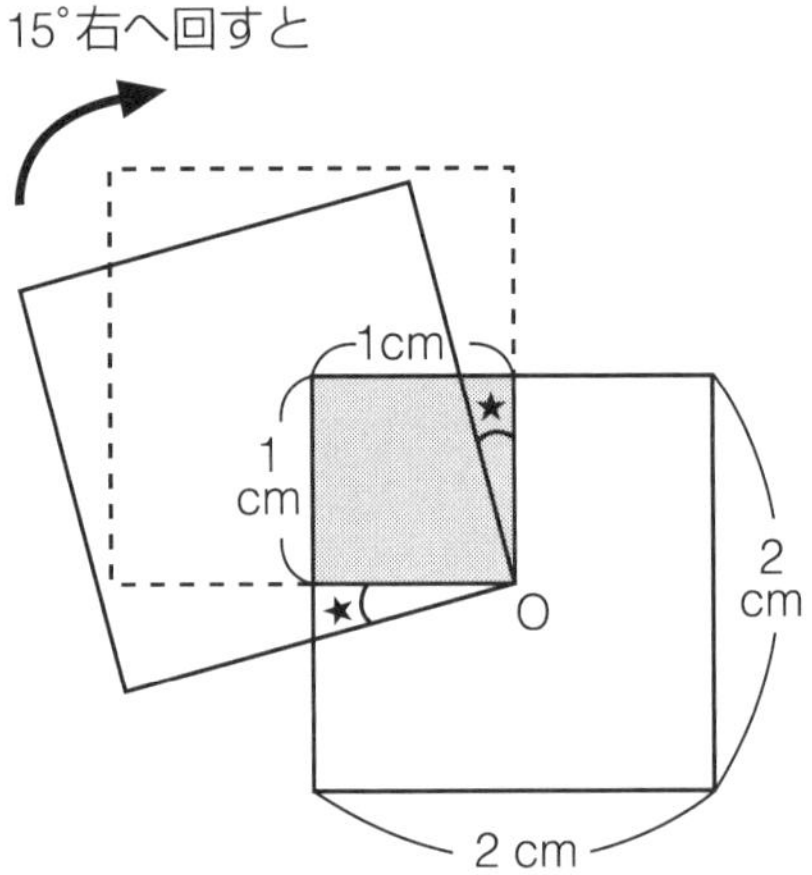

図の★印の三角形は合同である。したがって求める面積は、正方形が点線の位置にあるときに重なる面積に等しい。よって、正方形の面積の$\frac{1}{4}$となる。

また、一方の正方形が回転してどの位置にあろうと、重なる部分の面積は一定である。

45 斜めに交差する道

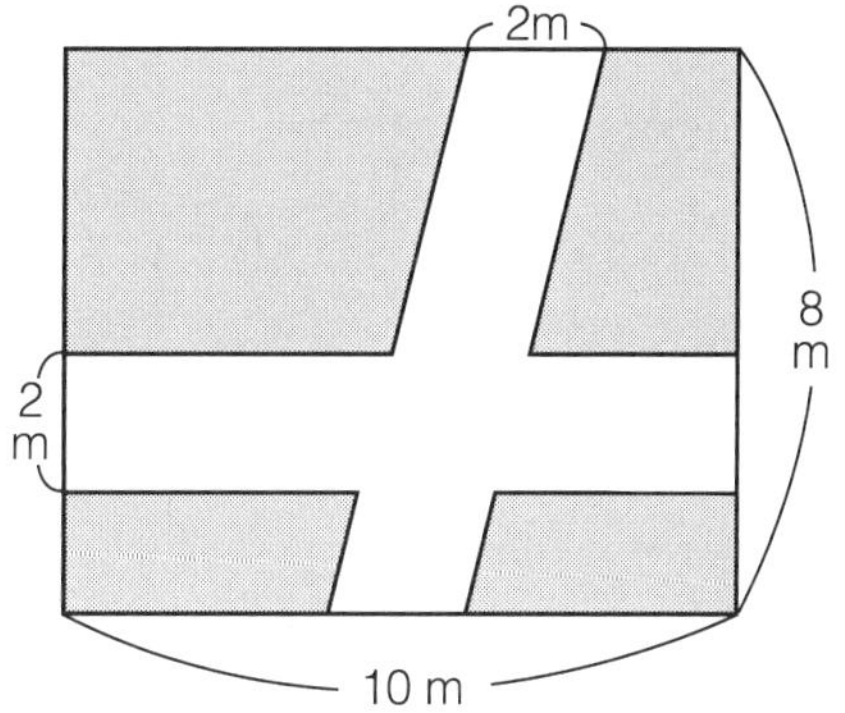

問

図のような長方形の芝生の庭に、水平に走る道と、それと斜めに交差して走る道がある。芝生の部分の面積を求めよ。

答

48平方メートル

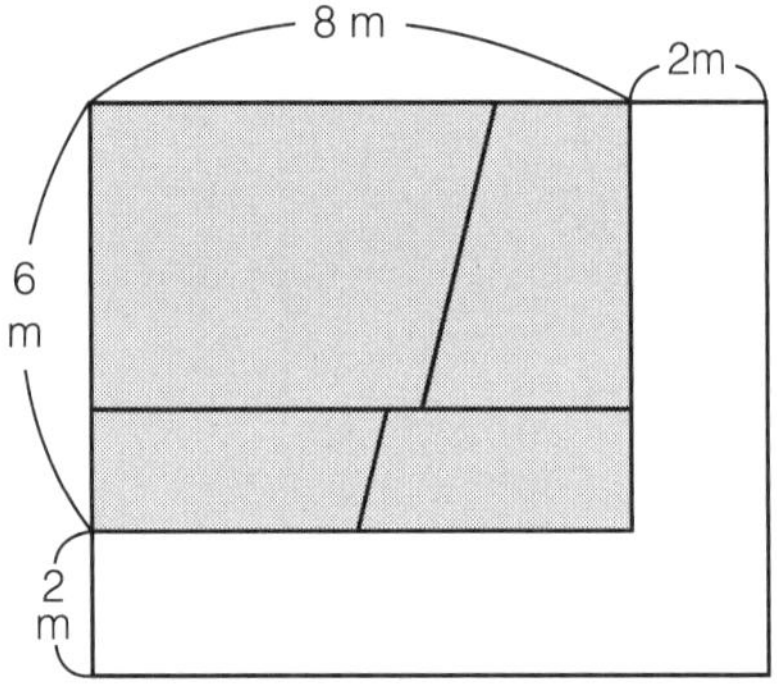

図のように、芝生の部分を左と上に詰めてしまえば、求める芝生の面積は、縦6メートル、横8メートルの長方形の面積に等しくなる。

46 1ドルはどこへ消えた？

問

農夫が30個のりんごを持って、3個1ドルの割合で売るため市場に出かけた。途中で友人の家の前を通り過ぎたところ、ついでに自分のりんごも30個あずかって一緒に売ってきてくれないか、と頼まれた。ただし、こちらは2個1ドルの割合である。

農夫は市場に行き、手間を省くため、両方のりんごをまとめて、区別なく5個2ドルの割合で売った。そして順調にりんごは売り切れ、農夫は友人のとり分15ドルを払った。ところが、手元には10ドル残るはずが、9ドルしかない。さて、1ドルはどこへ消えた？

答

農夫のりんごの単価は$\frac{1}{3}$ドル、友人のりんごの単価は$\frac{1}{2}$ドルであったから、ひとまとめにしたりんごの平均単価は、

$$\left(\frac{30}{3}+\frac{30}{2}\right)\div 60=\frac{25}{60}$$

でなければならない。ところが、5個2ドルの割合で売ると、平均単価は$\frac{2}{5}$ドル、すなわち$\frac{24}{60}$ドルとなり、$\frac{1}{60}$ドル安すぎたのである。そして、60個のりんごを売った結果、1ドルの損が出てしまったというわけだ。

47 魔方陣

?	?	?
?	5	?
?	?	?

問

正方形が9つの枡目に分かれている。それぞれの枡目に、1から9までの数字を1回ずつ入れて、縦、横、対角線の3つの数字の和がどれも等しくなるようにせよ。ただし、中央には5が入るものとする。

答

図の通り

4	9	2
3	5	7
8	1	6

1から9までの数を全部足すと、45になる。したがって、3行3列それぞれの和は、45を3で割った15になるはず。そして、中央の数字が5ということから、各枡に数字をあてはめていけばよい（答は1通り）。

もっと簡単な問題に「花火」がある。真ん中は5。4つの直線上の3つの数字の和が同じになるようにせよ。（答は147ページ）

48 コロで転がす石

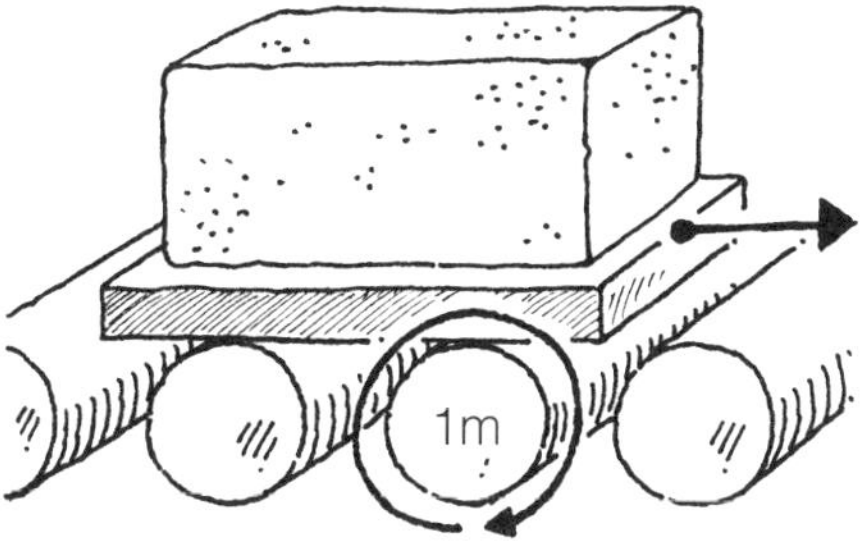

問

周囲が1メートルのコロがある。このコロが1回転したとき、上に乗った石は何メートル進むか？

答

2メートル

まず、コロを地面から浮かせて考えてみよう。このとき、コロが1回転すれば、石は1メートル進む。次に、コロを地面につけて考えてみよう。すると、コロが1回転すれば、コロ自体は1メートル進む。この両方が足し合わさり、コロの上の石は2メートル進むのである。

「動く歩道」の上を歩くと速さが足し合わさるのと、現象的には似ている。

49 一筆描き

問

図のような図形がある。同じ部分を二度と通らずに、一筆描きせよ。なお、どこから始めてもよい。

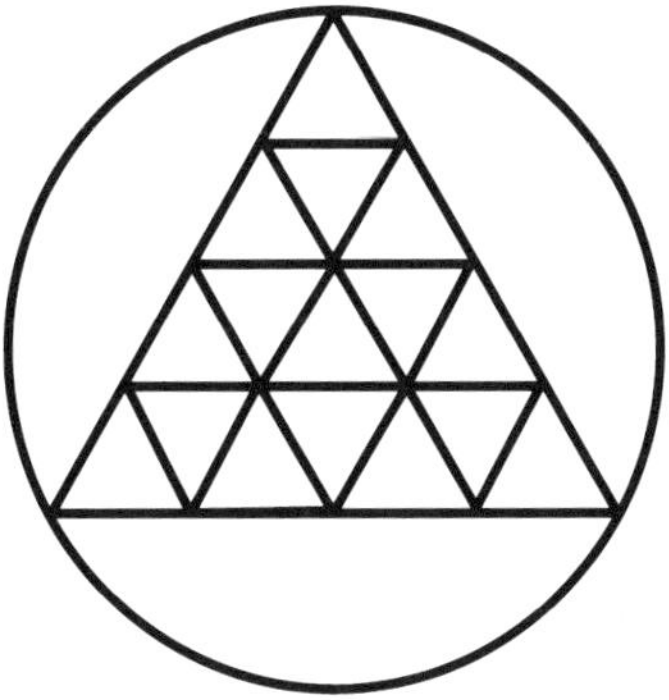

答

図の通り、どこから描き始めてもできる

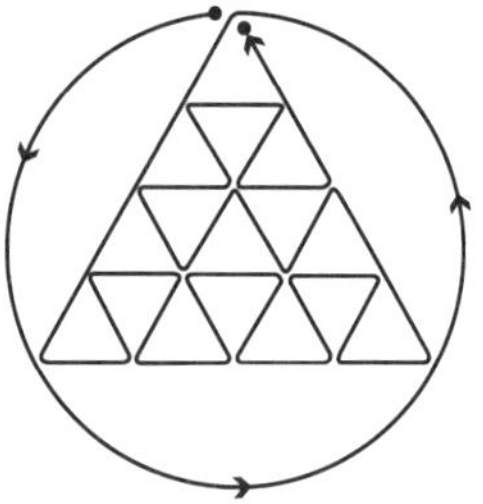

一筆描きできるかどうかの規則は次の通り。

〈奇数点が0個〉どこから描き始めてもできる。

〈奇数点が2個〉一方の奇数点から始めてもう一方の奇数点で終わる描き方ができる。

〈奇数点が4個以上〉絶対に描けない。

なお、奇数点とは、1つの点に奇数本の線が集まっている点のこと。奇数点が1、3、5、……と奇数個になることはない。また、偶数点の数はいくつあっても関係ない。この図形の場合、奇数点が0個であるから、どこから描き始めてもできる。

一筆描きできる?

(答は147ページ)

50 難民をかくまう

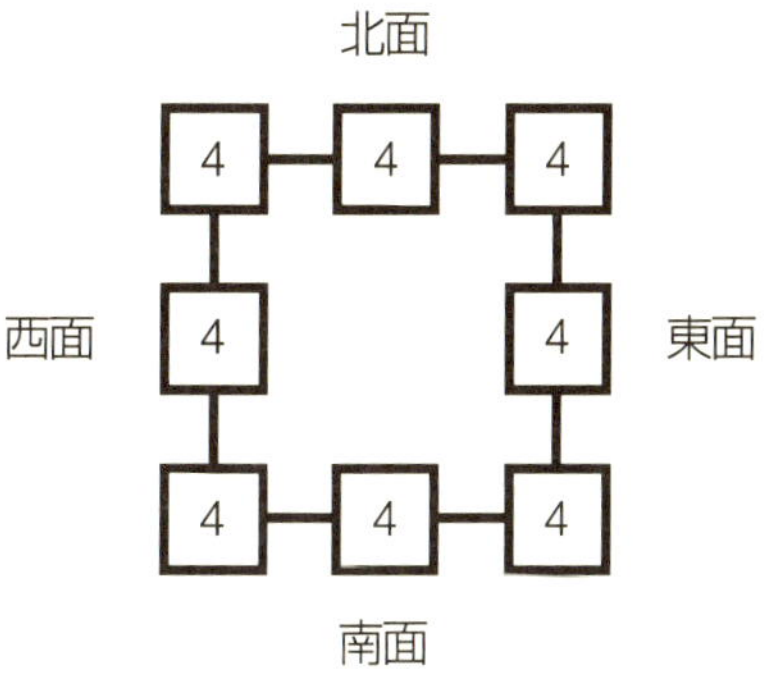

問

隣国との境に見張り所があり、兵士が図のように配置されている。東面、南面、西面、北面のどちらから見ても、兵士の数は12人である。

この見張り所に、隣国の難民4人がかくまってくれと逃げ込んだ。4面から見た人数を変えずに、この4人を見張りの兵士の中に隠すにはどうすればよいか？

答

図のような配置にする

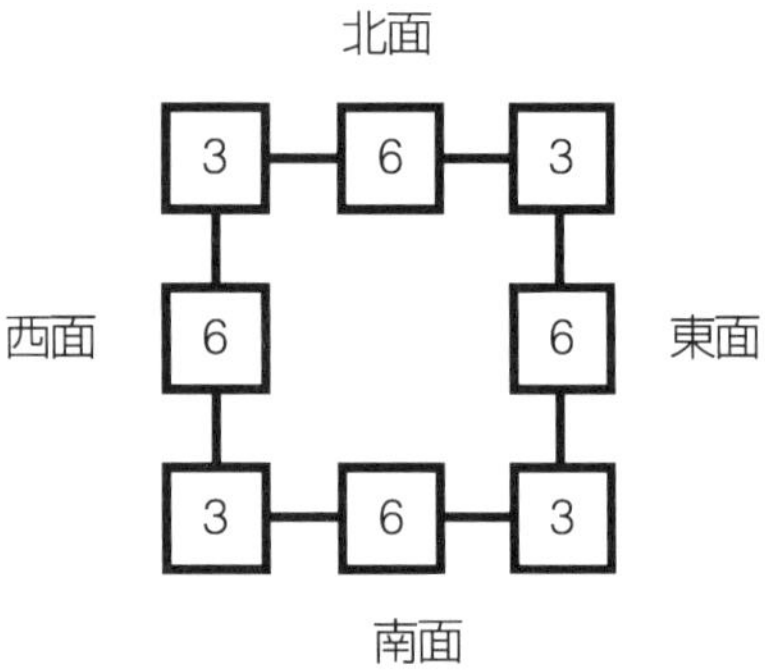

全体の数は36人と増えているのに、東面、南面、西面、北面から見た人数は12人と変わっていない。これで4人の難民をかくまうことができた。

コーヒーブレイク・5

問

1から50までの数を1つだけ思ってほしい。
思った数より1だけ大きい数を、思った数に加えてほしい。
それに9を加えてほしい。
それを2で割ってほしい。
それより初めに思った数を引いてほしい。
5になったでしょ?

答

5になるからくりは左の通り。

9を加えるところで11を加えれば、答は6になり、13を加えれば答は7となる。

①思った数をxとする

② $x+(x+1)=2x+1$

③ $(2x+1)+9=2x+10$

④ $(2x+10)\div 2=x+5$

⑤ $(x+5)-x=5$

51 川渡り

問

1匹のキツネと1匹のウサギと1個のキャベツをもつ農夫が、川を渡ろうとしている。川には小さな舟があるが、農夫の他にたった1つしか乗せられない。しかも、キツネとウサギ、ウサギとキャベツのそれぞれは2つ一緒にしておくことができない（食べられてしまうから）。

さて、農夫はどのように川を渡ったらよいか？

答

次の通り。

①ウサギをつれて対岸に行き、農夫だけもどってくる。
②キツネをつれて対岸に行き、ウサギをつれてもどってくる。
③キャベツをもって対岸に行き、農夫だけもどってくる。
④ウサギをつれて対岸に行く。これで成功！

52 5つの三角形に分ける

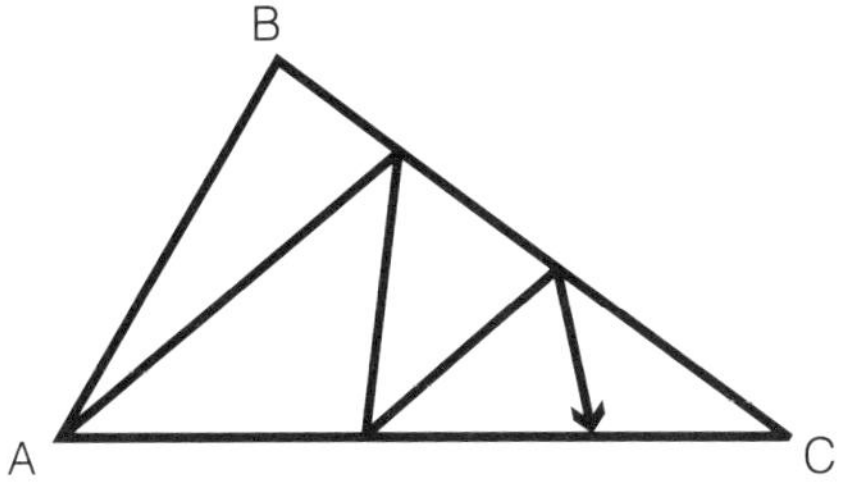

問

三角形ABCを、折れ線で同じ面積の5つの三角形に分けよ。

答

図のように、点D、E、F、Gをとればよい

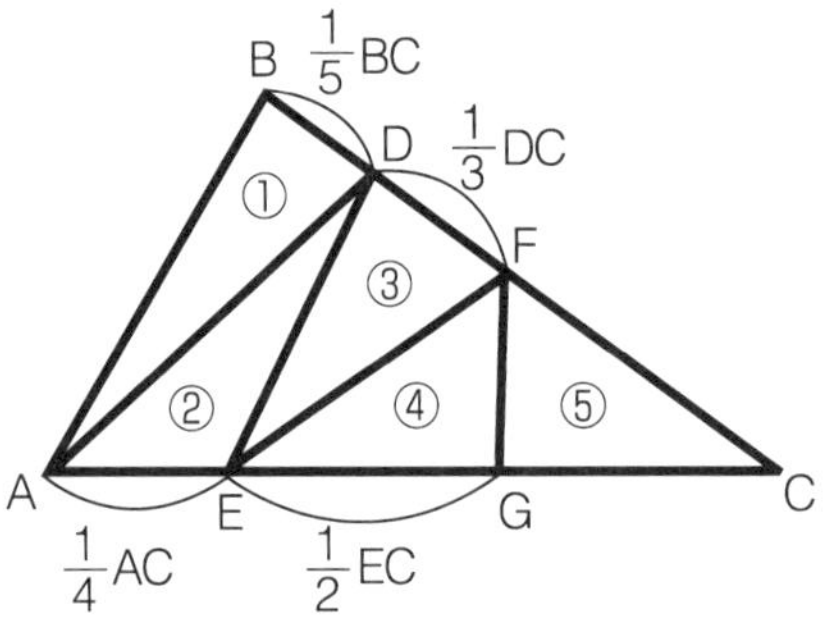

まず、三角形の面積は（底辺×高さ÷2）であたえられることを思い出してほしい。三角形ABD①は、三角形ABCと高さが同じで底辺BDが$\frac{1}{5}$だから面積は三角形ABCの$\frac{1}{5}$。三角形ADE②は、三角形ADCと高さが同じで底辺AEが$\frac{1}{4}$だから面積は三角形ADCの$\frac{1}{4}$。ところで、三角形ADCの面積は三角形ABCの$\frac{4}{5}$だから、結局、三角形ADEの面積は三角形ABCの面積の$\frac{1}{5}$。このように、5つの三角形①〜⑤の面積はすべて三角形ABCの$\frac{1}{5}$となり、それぞれの面積は等しい。

53 正方形にしたい

問

図のように、正方形のちょうど1/4が出っ張った形の五角形がある。これを2回だけ直線で切り、3つの断片にしてから組み直し、正方形にしたい。どう切ればよいか?

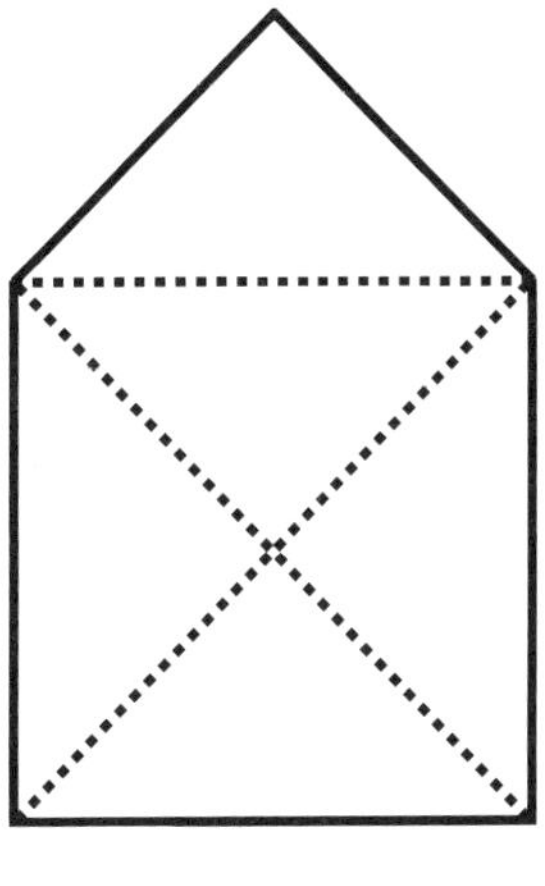

答

図の通り

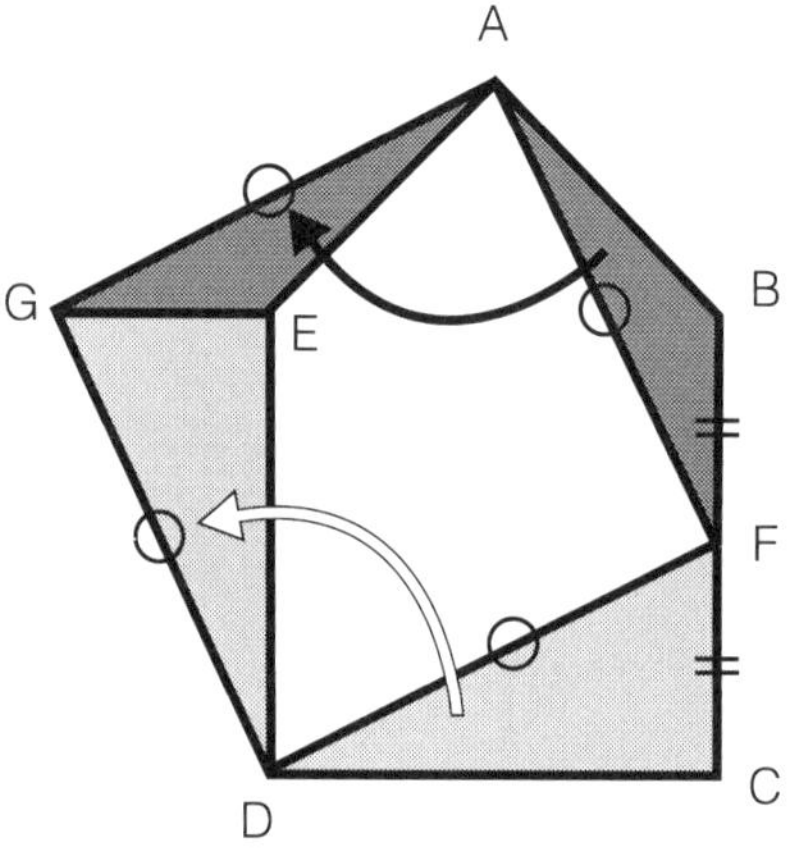

ＡＧＤＦが求める正方形。
これも問34と同じ「裁ち合わせ」の問題である。

54 忍者の堀越え

問

忍者軍団が城攻めをするため、堀に渡す材木を何本か用意した。しかし、まぬけなことに、堀の幅は5メートルあるのに、用意した材木はみな4・9メートルしかなかった。しかし、頭の働く者がいて、なんとか堀を渡ることができたという。どのようにして渡ったか?

答

図のように、堀の角を使えば2本の材木で堀を渡れる

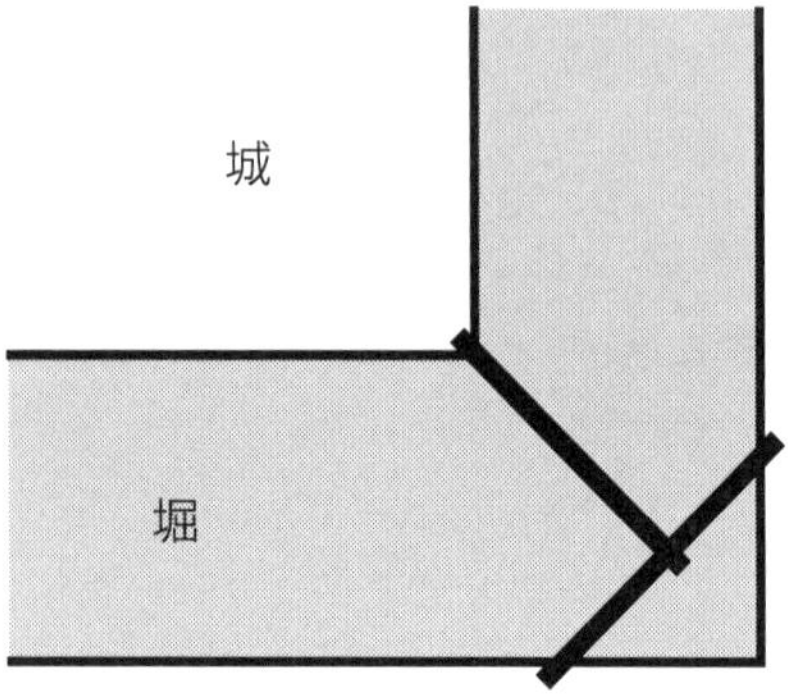

55 当選のボーダーライン

問

全票数が1万票の3人区（3人が当選する区）に、6人が立候補している。絶対当選するためには最低何票必要か？

答

2501票

立候補者が4人とすると、2501票以上とれば必ず当選。

立候補者が5人になっても、5人目が0票もあり得るので、2501票必要。

立候補者が6人になっても、5人目、6人目が0票もあり得るので、やはり2501票必要。

56 汽車のすれ違い

問

機関車に引かれた2つの列車が両方向から来ている。短い側線は、機関車1両か、客車1両を入れるだけの長さしかない。さて、どのようにすれば、この2つの列車はすれ違えるか?

なお、機関車は前にも後ろにも進め、連結器は、機関車の両端、客車の両端にあるものとする。

答

図の通り

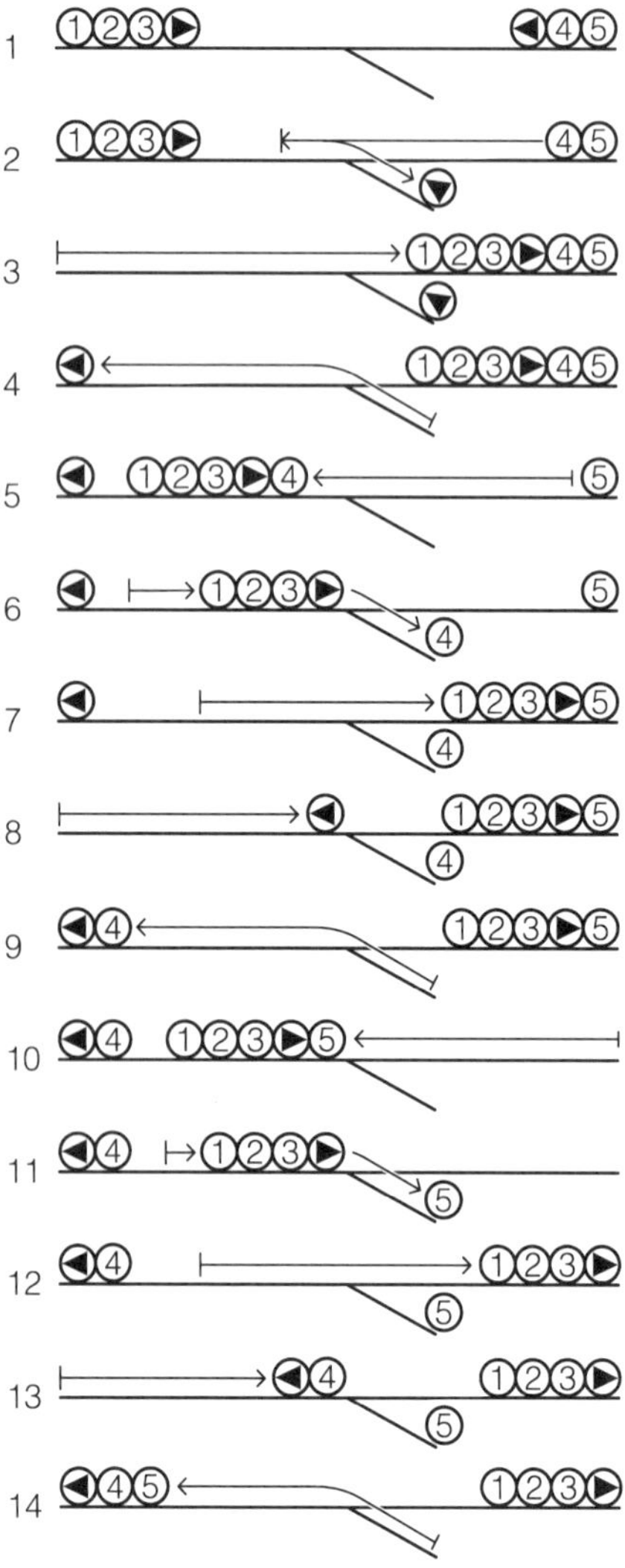

57 操作場

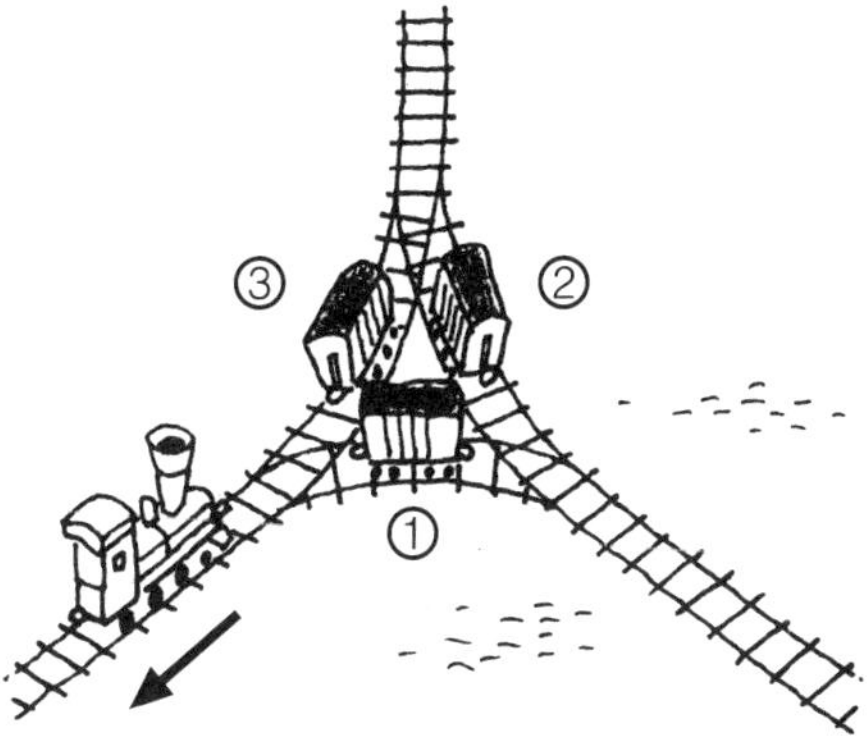

問

機関車が貨車を動かし、後ろに①、②、③の順に貨車をつなぎ、最後に機関車を左に向けて、矢印の方向に進みたい。どのようにすればよいか？

なお、機関車は前にも後ろにも進め、連結器は、機関車の両端、貨車の両端にあるものとする。また、現在貨車がある線区は、貨車1両分しかないものとする。

答

図の通り

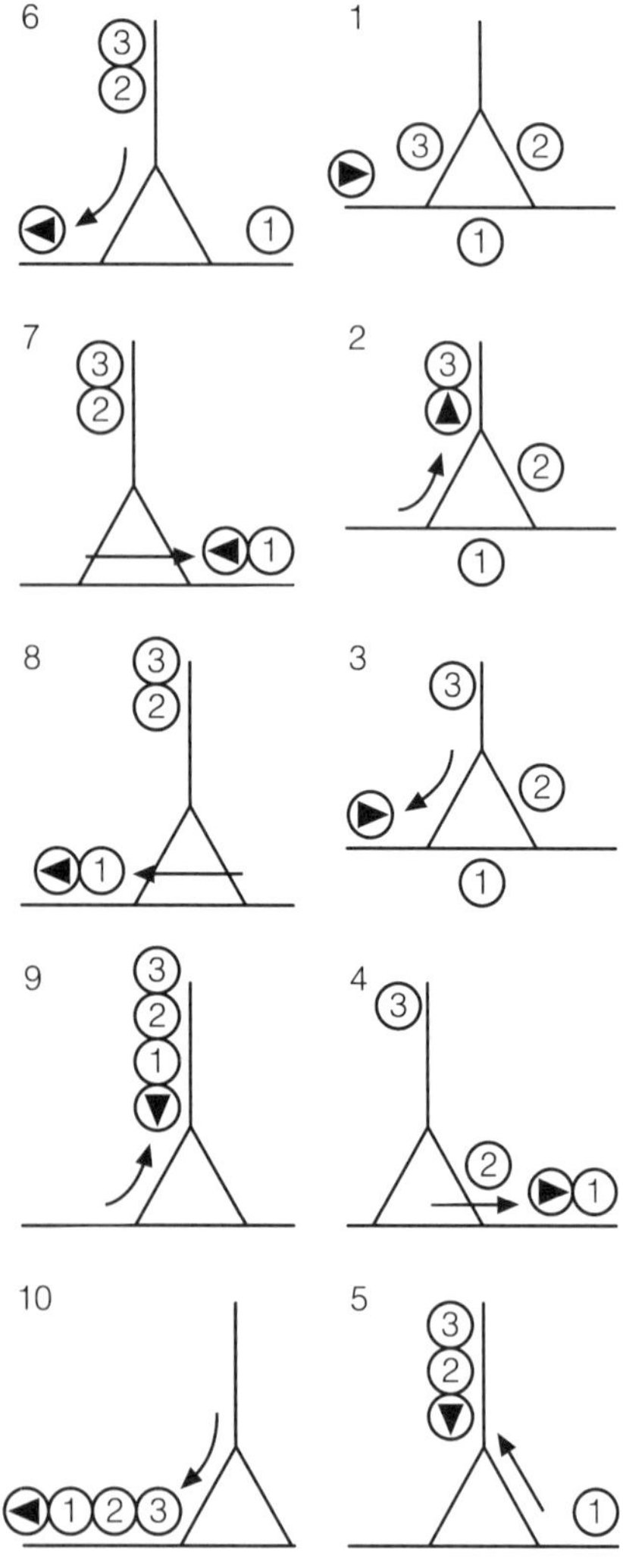

58 どこで折る？

問

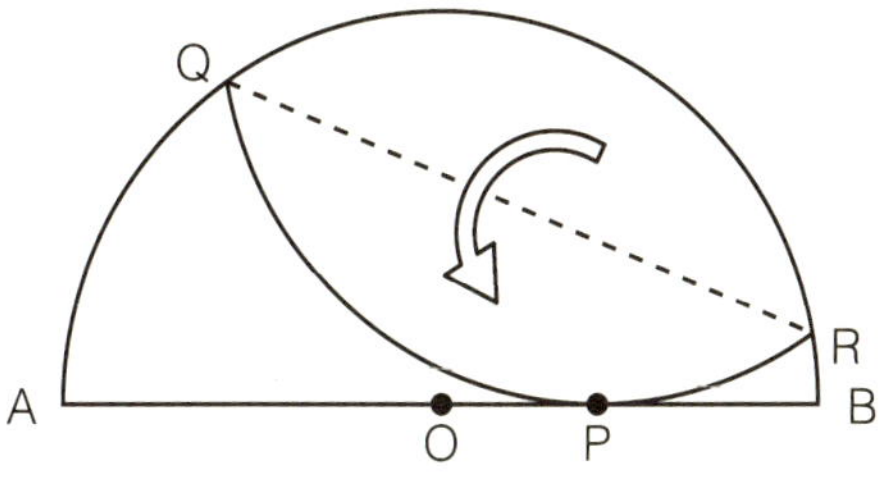

半円Oの直径上に点Pがある。いま、QRを折り目として折ったとき、円弧が点Pで直径ABに接するようにしたい。折り目QRの位置を求めよ。

答

点Pから直径ABに垂線を立て、半円Oの半径に長さが等しい点をSとする。Sを中心とする半径SPの円と半円Oとの交点が求めるQ、Rの位置である

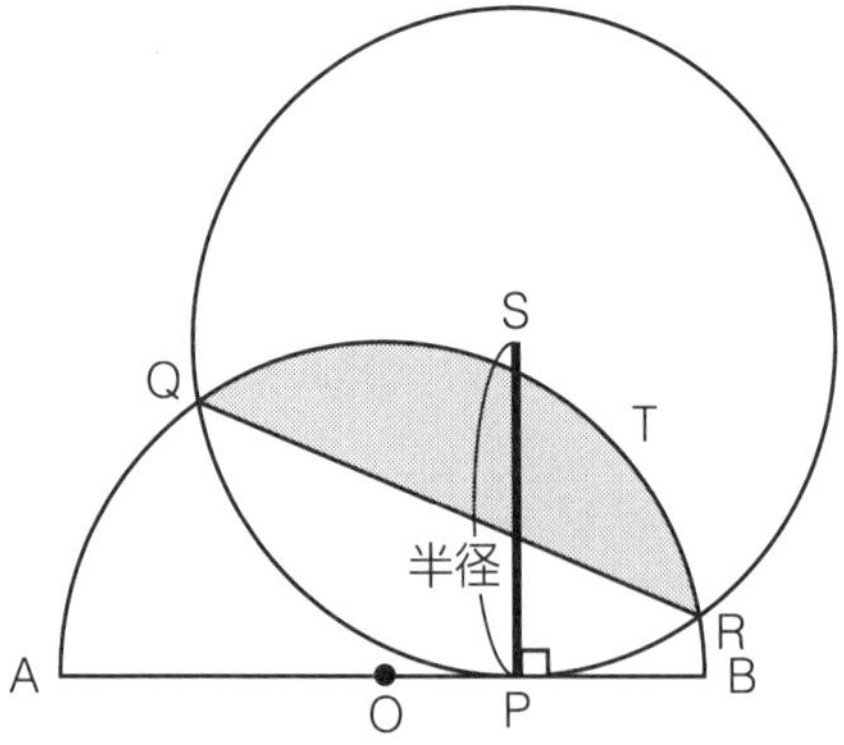

点Sを中心とする半径SPの円は点Pで直線ABに接する。また、Sを中心とする円と、Oを中心とする円の大きさは同じだから、弧QTRと弧QPRは等しい。したがって、図のように求めた点Q、Rは確かに題意を満たす。

59 暗号計算

問

AB＋BA＋B＝AAB

上の式で、A、Bはそれぞれ、1から9までの数字のどれかである。さて、A、Bにあてはまる数字は？（ただし、ABなどはかけ算ではない。たとえば34という数を表す）

答

A＝1　B＝9

```
   AB          19
   BA          91
+   B   ←  +    9
-----      -----
  AAB         119
```

上のように縦に計算式を書いてみるとわかりやすい。百の位にAがあるが、2数字の和の繰り上がりから、Aは1でしかありえない。次に十の位を見ると、Bに1を足したものに繰り上がりの数を加えると1桁目が1の数字になる。しかし、Aが1であるから、一の位からの繰り上がりは1しかありえない。したがって、Bに2を足したものが、1桁目が1の数字になる。これより、Bは9しかありえない。A＝1、B＝9とすると、確かにあたえられた式は成り立つ。

60 ヒポクラテスの三日月

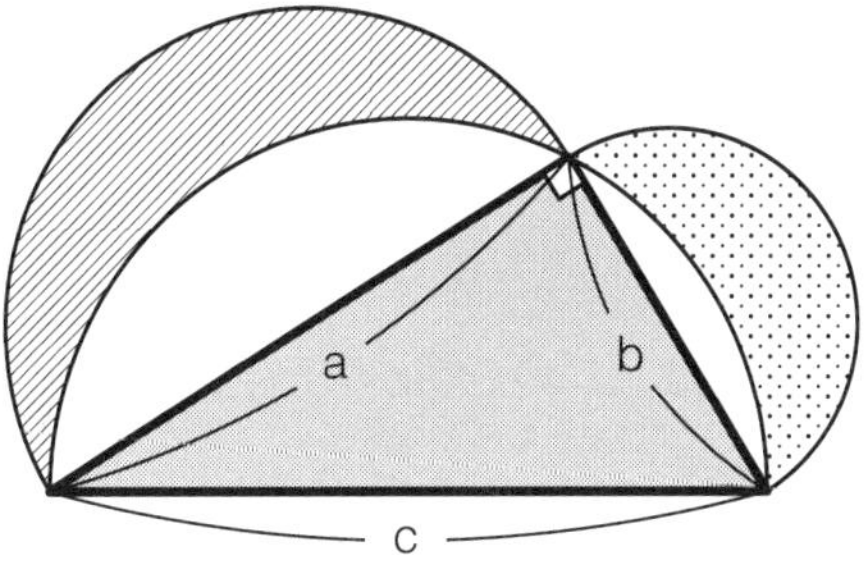

問

直角三角形の1辺cを直径とする半円、aを直径とする半円、bを直径とする半円、および直角三角形から、図のような2つの三日月ができる。

2つの三日月を合わせた面積と、直角三角形の面積が等しいことを証明せよ。

答

申し訳ないが、三平方の定理を使って計算するしかない。左の通りである。

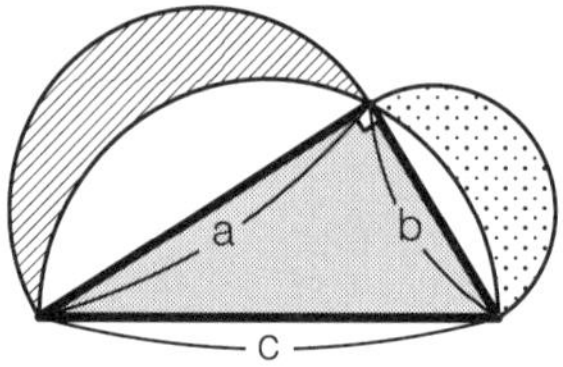

図のように3つの辺をa、b、cとすると、

三角形の面積 $=\frac{ab}{2}$

2つの三日月の面積 $=\left\{\frac{1}{2}\pi\left(\frac{a}{2}\right)^2+\frac{1}{2}\pi\left(\frac{b}{2}\right)^2+\frac{ab}{2}\right\}-\frac{1}{2}\pi\left(\frac{c}{2}\right)^2$

$=\frac{1}{2}\pi\left(\frac{a^2+b^2-c^2}{4}\right)+\frac{ab}{2}$

$=\frac{ab}{2}$（三平方の定理より$a^2+b^2-c^2=0$だから）

よって両者は等しい。

それにしても、曲線で囲まれた図形の面積と、きっちり直線で囲まれた三角形の面積が同じというのは不思議である。

ヒポクラテスは古代ギリシアの数学者で、これは作図の三大難問の一つ、「円積問題」に属する。ちなみに他の2つは、「角の三等分問題」「立方倍積問題」である。これらは一九世紀に、いずれも作図不可能が証明された。

コーヒーブレイク・6

問

左の表を見ながら、次の暗号文を読め。

「ウ《5》オ《3》ア《1》エ《3》イ《4》」

解読表

＼	1	2	3	4	5
ア	A	B	C	D	E
イ	F	G	H	I	J
ウ	K	L	M	N	O
エ	P	Q	R	S	T
オ	U	V	W	X	Y

答

OWARI（終わり）

20ページの答

タバコ屋が受け取る金は、10000円。

タバコ屋が支払う金は、4800円＋10000円＝14800円。

差し引きタバコ屋の損金は、4800円。これとタバコ1箱もせしめられる。

116ページの答

120ページの答

一筆描きできるもの

①（奇数点0個、※円と直線の接点は偶数点）、③（奇数点2個）

④（奇数点2個、※端は奇数点と見なす）、⑤（奇数点2個、※端は奇数点と見なす）

一筆描きできないもの

②（奇数点4個、※端は奇数点と見なす）、⑥（奇数点6個）

あとがき

私がパズル的数学に興味を持ったのは、いつごろだっただろうか？

はっきり意識したのは、中学三年生のときだったように思う。夏休みの宿題に「因数分解」の計算が出て、いやなものは早く片づけようと必死に挑戦していたとき、ふと〝解法のコツはパズルだ〟と感じた。

おかげで、それ以来〝数学好き〟になったが、まだまだその範囲は、教科書と受験問題集の域を出ない、きわめて狭いものであった。

正面からパズルに取り組んだのが、昭和二二年（二二歳）の教育実習からで、その動機は、指導教官がからかい半分に出した次ページの問題——「三角形の二辺の和と一辺は等しい」——であった。

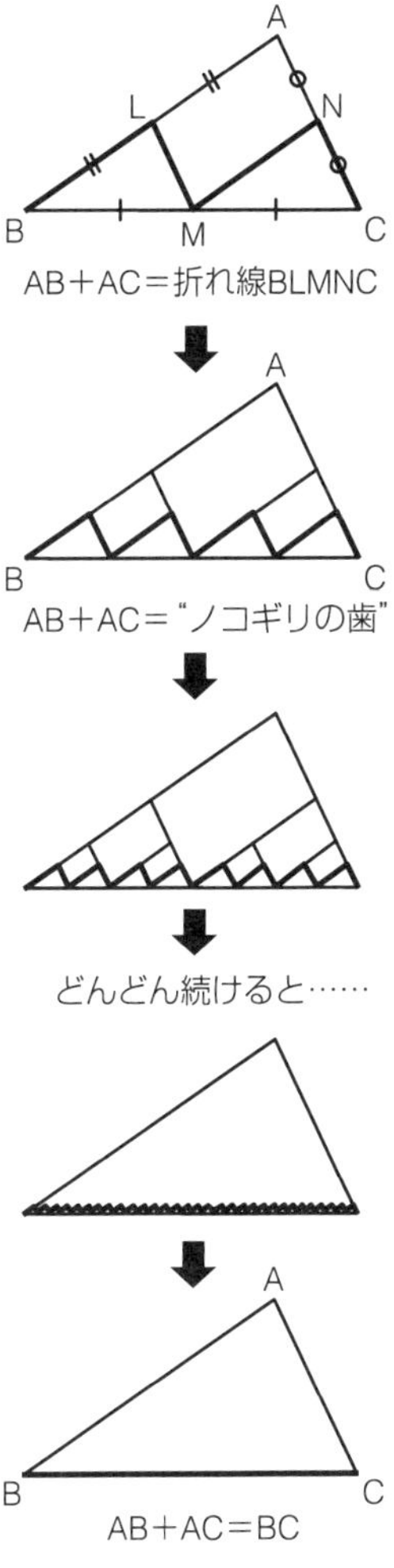

初めてパズルの兄貴分ともいえるパラドクスに接した私は、あまりに上手な論法とその不思議な結果に、ただただ唖然としたことを、いまも忘れられない。これは、ある種の尊敬の思いであった。

以来、書店をさがし回って、パズルを本格的に研究するようになり、教師になってからは、生徒の〝気分転換〟と〝好奇心の喚起〟、それに〝数勘の養成〟などを目的に、授業の合間に積極的に取り入れるようにした。

パズルへの興味と必要がいっそう加速されたのは、昭和三四年（三四歳）、ＮＨＫ教育テレビ開局にともなうテレビ出演のときである。この年の夏休みに中学生向け『夏のテレビクラブ』（七回）を担当し、以後、冬休み、春休みも加わり、やがて学校放送向け定時番組『中学生の数学』まで、のべ二五年にわたり出演した。

この間に番組で使用したクイズ、パズル、パラドクスは膨大な数にのぼり、その後、数冊のパズル本にして出版したが、現在もロングセラーを続けている。これは、はからずも〝日本人のパズル好き〟を示す一例であろう。

なお、この場を借りて一つだけ申し上げておきたいことがある。それは、本書で取り上げたパズルのいくつかについて、あえて厳密さを多少排除していることである。

たとえば、問2で、左のような解答が考えられないこともない。

〈別解例〉

① $(.1+.9)\times(1+9)$

$=1\times 10$

$=10$

② $1\times 1+\sqrt{9\times 9}$

$=1+9$

$=10$

③ $\sqrt{1+9}\times\sqrt{1+9}$

$=\sqrt{10}\times\sqrt{10}$

$=10$

④ $1\times 1+\sqrt{9}+\sqrt{9}\,!$

$=1+3+3!$

$=4+(3\times 2\times 1)$

$=4+6$

$=10$

など

また、問40で考える犬は、瞬間的に速度を反転できるサイボーグのような犬で、実際にこんな犬がいるかと問われれば、いないと答えるしかない。

しかし、そのあたりは、穏便にお願いしたい。本書で学んでほしいのは、大いなる「発想の転換」である。木を見て森を見ず、は目指すところではない。

本書が、学校や家庭、職場で、おおいに活用されるなら、こんなうれしいことはない。

また、パズルの面白さに刺激を受けた子どもたちが、算数・数学を大好きになってくれたなら、それはもう望外の幸せである。

私も一〇〇歳まで生きて、彼らの行く末を見届けることにしよう。

著者

参考文献

『数のパズルはおもしろい』J・デグレージア著、金沢養訳、白揚社、一九五八年
『イワンの数学パズル』Y・ペレルマン著、白揚社、一九五九年
『数学パズルのAからZ』G・モットスミス著、金沢養訳、一九五九年
『現代の娯楽数学』M・ガードナー著、金沢養訳、一九六〇年
『サム・ロイドの数学パズル』サム・ロイド著、M・ガードナー編、田中勇訳、白揚社、一九六五年
『パズルの王様2』H・E・デュードニー著、藤村幸三郎訳、ダイヤモンド社、一九六六年
『パズルの王様3』H・E・デュードニー著、藤村幸三郎・高木茂男訳、ダイヤモンド社、一九六八年
『パズル傑作集』H・E・デュードニー著、藤村幸三郎訳、一九六九年
『リットンの数学パズル』J・H・ハーリー著、西村敏男訳、TBS教育事業本部、一九七二年
『数学パズル』相良正男著、池田書店、一九七四年
『パズルの源流』藤村幸三郎・高木茂男著、ダイヤモンド社、一九七五年
『えっへっへ マッチパズル傑作選』鬼瓦宇太郎著、徳間書店、一九七五年
『パズル数学入門』藤村幸三郎・田村三郎著、講談社ブルーバックス、一九七七年
『ぼくのパズル・ブック』藤村幸三郎著、学生社、一九七七年
『スーパーパズルの冒険』高木茂男著、かんき出版、一九七八年
『パズルで挑戦！ IQ150への道』笹山朝生著、講談社ブルーバックス、一九九四年
『数学パズル・パンドラの箱』B・ボルト著、木村良夫訳、講談社ブルーバックス、一九九四年
『脳を鍛える数理パズル』D・ウエルズ著、芦ヶ原伸之監訳、講談社ブルーバックス、一九九六年

『ギネスとっておきパズル』R・イースタウェイ他著、芦ヶ原伸之監訳、講談社ブルーバックス、一九九七年
『大人も自在に使える算数手品』雅孝司著、扶桑社、二〇〇〇年
『頭がよくなる数学パズル』逢沢明著、PHP研究所、二〇〇〇年
『頭がよくなる論理パズル』逢沢明著、PHP研究所、二〇〇一年

『数のパズル』仲田紀夫著、学生社、一九六九年
『ひらめきパズル・上』仲田紀夫著、日科技連出版社、一九八一年
『ひらめきパズル・下』仲田紀夫著、日科技連出版社、一九八二年
『騙しのテクニック』仲田紀夫著、黎明書房、一九九〇年
『数学トリック＝だまされまいぞ！』仲田紀夫著、講談社ブルーバックス、一九九二年
『どこから読んでも頭のよくなる数学パズル』仲田紀夫著、三笠書房、一九九四年
『挑戦！数学クイズ＆パズル＆パラドクス』仲田紀夫著、黎明書房、一九九六年
『正論、邪論のかけ合い史』仲田紀夫著、黎明書房、一九九八年
『小学生の「さんすう」大疑問100』仲田紀夫著、講談社、一九九九年
『恥ずかしくて聞けない数学64の疑問』仲田紀夫著、黎明書房、一九九九年
『思わず教えたくなる数学66の神秘』仲田紀夫著、黎明書房、二〇〇一年
『おもしろ数学――この謎が解けますか？』仲田紀夫著、三笠書房、二〇〇一年

〈図形〉

本書で取り上げた問題の簡単な分類

〈論理〉〈数〉〈図形〉の３つに分けた（厳密な分類ではない）。

〈論理〉

1　うそつき村と正直村
11　国境の男
21　神様と悪魔と人間
22　10円玉と100円玉①
23　10円玉と100円玉②
31　犯人はだれだ！
32　どれが正しい？
43　知恵者
51　川渡り
56　汽車のすれ違い
57　操作場

〈数〉

2　１、１、９、９で10を作る
3　100円はどこに消えた？
4　カエルの井戸登り
5　占い師
8　ニセ金貨さがし①
9　ニセ金貨さがし②
12　細胞分裂
13　トーナメント
16　変えるべきか、変えざるべきか
17　賭けごとに絶対負けない法
18　メトロノーム
24　油の量り売り
25　砂時計
26　年齢当て
30　鎖をつなげる
33　豚の囲い
36　ねずみを捕らえる猫

N.D.C.410.79　155p　18cm

ブルーバックス　B-1353

算数《さんすう》パズル「出《だ》しっこ問題《もんだい》」傑作選《けつさくせん》

解けて興奮、出して快感！

2001年12月20日　第 1 刷発行
2018年 3 月23日　第15刷発行

著者　仲田紀夫《なかだのりお》
発行者　渡瀬昌彦
発行所　株式会社講談社
〒112-8001 東京都文京区音羽2-12-21
電話　出版　03-5395-3524
販売　03-5395-4415
業務　03-5395-3615
印刷所　（本文印刷）豊国印刷株式会社
（カバー表紙印刷）信毎書籍印刷株式会社
製本所　株式会社国宝社

ISBN4−06−257353−9

発刊のことば

科学をあなたのポケットに

二十世紀最大の特色は、それが科学時代であるということです。科学は日に日に進歩を続け、止まるところを知りません。ひと昔前の夢物語もどんどん現実化しており、今やわれわれの生活のすべてが、科学によってゆり動かされているといっても過言ではないでしょう。

そのような背景を考えれば、学者や学生はもちろん、産業人も、セールスマンも、ジャーナリストも、家庭の主婦も、みんなが科学を知らなければ、時代の流れに逆らうことになるでしょう。

ブルーバックス発刊の意義と必然性はそこにあります。このシリーズは、読む人に科学的に物を考える習慣と、科学的に物を見る目を養っていただくことを最大の目標にしています。そのためには、単に原理や法則の解説に終始するのではなくて、政治や経済など、社会科学や人文科学にも関連させて、広い視野から問題を追究していきます。科学はむずかしいという先入観を改める表現と構成、それも類書にないブルーバックスの特色であると信じます。

一九六三年九月

野間省一

ブルーバックス　数学関係書（I）

- 116 推計学のすすめ　佐藤 信
- 120 統計でウソをつく法　ダレル・ハフ 高木秀玄＝訳
- 177 ゼロから無限へ　C・レイド 芹沢正三＝訳
- 217 ゲームの理論入門　モートン・D・デービス 桐谷 維／森 克美＝訳
- 325 現代数学小事典　寺阪英孝＝編
- 408 数学質問箱　矢野健太郎
- 722 解ければ天才！ 算数100の難問・奇問　中村義作
- 797 円周率πの不思議　堀場芳数
- 833 虚数iの不思議　堀場芳数
- 862 対数eの不思議　堀場芳数
- 908 数学トリック＝だまされまいぞ！　仲田紀夫
- 926 原因をさぐる統計学　豊田秀樹／前田忠彦／柳井晴夫
- 1003 マンガ 微積分入門　岡部恒治 藤岡文世＝絵
- 1013 違いを見ぬく統計学　豊田秀樹
- 1037 道具としての微分方程式　斎藤恭一 吉田 剛＝絵
- 1074 フェルマーの大定理が解けた！　足立恒雄
- 1076 トポロジーの発想　川久保勝夫
- 1141 マンガ 幾何入門　岡部恒治 藤岡文世＝絵
- 1201 自然にひそむ数学　佐藤修一
- 1243 高校数学とっておき勉強法　鍵本 聡
- 1312 マンガ おはなし数学史　仲田紀夫＝原作 佐々木ケン＝漫画

- 1332 集合とはなにか 新装版　竹内外史
- 1352 確率・統計であばくギャンブルのからくり　谷岡一郎
- 1353 算数パズル「出しっこ問題」傑作選　仲田紀夫
- 1366 数学版 これを英語で言えますか？　E・ネルソン＝監修 保江邦夫＝著
- 1383 高校数学でわかるマクスウェル方程式　竹内 淳
- 1386 素数入門　芹沢正三
- 1407 入試数学 伝説の良問100　安田 亨
- 1419 パズルでひらめく 補助線の幾何学　中村義作
- 1429 数学21世紀の7大難問　中村 亨
- 1430 Excelで遊ぶ手作り数学シミュレーション　田沼晴彦
- 1433 大人のための算数練習帳　佐藤恒雄
- 1453 大人のための算数練習帳 図形問題編　佐藤恒雄
- 1479 なるほど高校数学 三角関数の物語　原岡喜重
- 1490 暗号の数理 改訂新版　一松 信
- 1493 計算力を強くする　鍵本 聡
- 1536 計算力を強くするpart2　鍵本 聡
- 1547 広中杯 ハイレベル中学数学に挑戦　算数オリンピック委員会＝監修 青木亮二＝解説
- 1557 やさしい統計入門　田栗正章／藤越康祝 柳井晴夫／C・R・ラオ
- 1595 数論入門　芹沢正三
- 1598 なるほど高校数学 ベクトルの物語　原岡喜重
- 1606 関数とはなんだろう　山根英司

ブルーバックス　数学関係書（II）

1619 離散数学「数え上げ理論」　野﨑昭弘
1620 高校数学でわかるボルツマンの原理　竹内　淳
1625 やりなおし算数道場　歌丸優一　花摘香里＝漫画
1629 計算力を強くする　完全ドリル　鍵本　聡
1657 高校数学でわかるフーリエ変換　竹内　淳
1661 史上最強の実践数学公式123　佐藤恒雄
1677 新体系　高校数学の教科書（上）　芳沢光雄
1678 新体系　高校数学の教科書（下）　芳沢光雄
1681 マンガ　統計学入門　アイリーン・マグネロ＝文　ボリン・V・ルーン＝絵　神永正博＝監訳　井口耕二＝訳
1684 ガロアの群論　中村　亨
1694 傑作！　数学パズル50　小泓正直
1704 高校数学でわかる線形代数　竹内　淳
1711 なるほど高校数学　数列の物語　宇野勝博
1724 ウソを見破る統計学　神永正博
1738 物理数学の直観的方法（普及版）　長沼伸一郎
1740 マンガで読む　計算力を強くする　がそんみほ＝マンガ　銀杏社＝構成
1743 大学入試問題で語る数論の世界　清水健一
1757 高校数学でわかる統計学　竹内　淳
1764 新体系　中学数学の教科書（上）　芳沢光雄
1765 新体系　中学数学の教科書（下）　芳沢光雄

1770 連分数のふしぎ　木村俊一
1782 はじめてのゲーム理論　川越敏司
1784 確率・統計でわかる「金融リスク」のからくり　吉本佳生
1786 「超」入門　微分積分　神永正博
1788 複素数とはなにか　示野信一
1795 シャノンの情報理論入門　高岡詠子
1808 算数オリンピックに挑戦　'08～'12年度版　算数オリンピック委員会＝編
1810 不完全性定理とはなにか　竹内　薫
1818 オイラーの公式がわかる　原岡喜重
1819 世界は2乗でできている　小島寛之
1822 マンガ　線形代数入門　鍵本　聡＝原作　北垣絵美＝漫画
1823 三角形の七不思議　細矢治夫
1828 リーマン予想とはなにか　中村　亨
1833 超絶難問論理パズル　小野田博一
1838 読解力を強くする算数練習帳　佐藤恒雄
1841 難関入試　算数速攻術　中川　塁　松島りつこ＝画
1851 チューリングの計算理論入門　高岡詠子
1870 知性を鍛える　大学の教養数学　佐藤恒雄
1880 非ユークリッド幾何の世界　新装版　寺阪英孝
1888 直感を裏切る数学　神永正博
1890 ようこそ「多変量解析」クラブへ　小野田博一